主办 中国建设监理协会

中国建设监理与咨询

14
2017 / 1
总第14期

CHINA CONSTRUCTION
MANAGEMENT and CONSULTING

中国建筑工业出版社

图书在版编目（CIP）数据

中国建设监理与咨询 14 / 中国建设监理协会主办. —北京：中国建筑工业出版社，2017.2
ISBN 978-7-112-20503-5

Ⅰ.①中… Ⅱ.①中… Ⅲ.①建筑工程—施工监理—研究—中国 Ⅳ.①TU712

中国版本图书馆CIP数据核字（2017）第037942号

责任编辑：费海玲 张幼平 焦 阳
责任校对：焦 乐 姜小莲

中国建设监理与咨询 14

主办 中国建设监理协会

*

中国建筑工业出版社出版、发行（北京海淀三里河路9号）
各地新华书店、建筑书店经销
北京嘉泰利德公司制版
北京缤索印刷有限公司印刷

*

开本：880×1230毫米 1/16 印张：7$\frac{1}{2}$ 字数：300千字
2017年2月第一版 2017年2月第一次印刷
定价：35.00元
ISBN 978-7-112-20503-5
（29983）

版权所有 翻印必究
如有印装质量问题，可寄本社退换
（邮政编码100037）

编委会

主任：郭允冲

执行副主任：修　璐

副主任：王学军　王莉慧　温　健　刘伊生
　　　　李明安　唐桂莲

委员（按姓氏笔画排序）：

王　莉	王方正	王北卫	王庆国	王怀栋
王章虎	方向辉	邓　涛	邓念元	叶华阳
田　毅	田哲远	冉　鹏	曲　晗	伍忠民
刘　勇	刘　涛	汤　斌	孙　璐	孙晓博
孙惠民	杜鹏宇	李　伟	李建军	李富江
杨卫东	吴　涛	吴　浩	肖　波	张国明
张铁明	张葆华	陈进军	范中东	易天镜
周红波	郑俊杰	赵秋华	胡明健	姜建伟
费海玲	袁文宏	袁文种	贾铁军	顾小鹏
徐　斌	栾继强	郭公义	黄　慧	龚花强
龚黎明	盛大全	梁士毅	屠名瑚	程辉汉
詹圣泽	潘　彬

执行委员：王北卫　孙　璐

编辑部

地址：北京海淀区西四环北路 158 号
　　　慧科大厦东区 10B
邮编：100142
电话：（010）68346832
传真：（010）68346832
E-mail：zgjsjlxh@163.com

中国建设监理与咨询

目录 CONTENTS

■ 行业动态

建设监理企业"营改增"经营管理策略与应对实务操作研修班在济南成功举办　6

天津市建设监理协会三届六次会员代表大会、理事会暨协会成立十五周年纪念表彰大会圆满召开　6

陕西省建设监理协会第四届会员代表大会暨第四届理事会顺利召开　7

福建省工程监理企业信用评价系统 2017 年元旦起正式启用　7

上海市建设工程咨询行业协会举办"国际建设管理的研究对我国建设管理领域全面深化改革的启示"专题讲座　8

内蒙古自治区工程建设协会举办"建筑业'营改增'模式下的企业管理解读"讲座　8

云南省建设监理协会第六届会员大会在昆明召开　9

山东省建设监理协会力推行业从业人员信用自律双向服务　9

武汉建设监理行业 2017 年宣传通联暨行业自治工作会议圆满召开　10

陈政高在全国住房城乡建设工作会议上要求

　　不忘初心　再接再厉　奋力谱写住房城乡建设事业新篇章　11

■ 政策法规

中共中央 国务院关于推进安全生产领域改革发展的意见　12

■ 本期焦点：中国建设监理协会五届四次常务理事会暨五届四次理事会在广西南宁召开

中国建设监理协会 2016 年工作报告　19

在中国建设监理协会五届四次常务理事会暨五届四次理事会上的总结发言 / 王学军　24

稳步推进监理工作标准化　提升监理人员履职能力 / 李伟　26

安徽省建设监理协会近期工作情况介绍 / 陈磊　29

基于"行业自律管理+互联网"新模式的创新与实践 / 史红　31

监理行业规范前行——武汉地区建设工程监理履职工作标准研究汇报 / 汪成庆　35

■ 监理论坛

南方电网 WHS 质量控制标准清蓄工程监理应用与探讨 / 刘生国　39

挤扩支盘桩的监理要点浅谈 / 胡红安　43

把握新常态，强化监理企业诚信自律建设——在编制公司《监理信用管理标准》过程中的一些思考　48

关于罪刑法定原则下监理人员所负刑责的思考 / 覃宁会　51

地理信息系统在机场建设中的应用 / 金立欣　53

在预制（PC）装配式楼梯安装过程中的监理控制要点 / 曹胜　56

建筑行业转型发展中的与世界接轨 / 周国富　58

生活垃圾焚烧发电厂试生产阶段环境监理要点分析 / 黄道建　陈晓燕　62

■ 项目管理与咨询

大型外资工程项目业主方设计管理工作的思考 / 李俊　66

浅议政府项目投资评估的难点与方法 / 龚跃彩　71

■ 创新与研究

协同、项目协同与项目协同服务系统 / 申长均　75

基于BIM的监理数字化成果交付 / 严事鸿　79

■ 人才培养

加强监理人才队伍的培养和建设的方式方法 / 程祥　86

监理人七戒 / 殷正云　89

企业人才管理的思考 / 杜建平　92

■ 人物专访

何国胜：追求监理人永远的路 / 艾亮　96

■ 企业文化

提升品质　创新发展求实效　合作共赢　海外拓宽谋新篇　98

如何做好监理企业管理层的工作 / 高保庆　103

建设监理企业"营改增"经营管理策略与应对实务操作研修班在济南成功举办

12月12日~13日,"建设监理企业'营改增'经营管理策略与应对实务操作研修班"在济南成功举办,本次研修班由山东省建设监理协会主办,山东房地产教育培训中心承办。研修班开班仪式由山东省监理协会副秘书长李虚进主持,理事长徐友全出席并讲话,副理事长林峰,房地产培训中心陈晓静主任列席。

本次研修班为期一天,邀请中国社会科学院财政税收研究中心副秘书长、副研究员蒋震博士现场授课并答疑,来自全省监理企业的200多位监理企业财务部门、涉税管理部门的负责人参加了研修班。

学员们表示,通过学习,对"营改增"政策的实施有了新的认识,为进一步把握新财税政策对监理企业经营发展的影响提供了有力的帮助。

(王丽萍 提供)

天津市建设监理协会三届六次会员代表大会、理事会暨协会成立十五周年纪念表彰大会圆满召开

2016年12月28日下午,天津市建设监理协会召开了协会三届六次会员代表大会、理事会暨协会成立十五周年纪念表彰大会。

大会在天津市华夏未来剧场召开,中国建设监理协会修璐副会长兼秘书长、中国建设监理协会王学军副会长、中国建设监理协会孙占国副会长、北京市建设监理协会李伟会长、北京市建设监理协会田成钢副会长、上海市建设工程咨询行业协会龚花强副会长、北京交通大学刘伊生教授、天津大学工程管理学院王雪青教授,天津市建设监理协会周崇浩理事长,副理事长郑立鑫、李学忠、乔秦生、赵维涛、霍斌兴、吴树勇,监事会监事庄洪亮、陈召忠、孙志雄出席了大会。天津市建设监理行业内专家学者、协会会员单位代表参加了会议。

大会由天津市建设监理协会副理事长郑立鑫主持。会上首先播放了天津市建设监理协会2016年度工作总结影像片,回顾了一年来监理行业的发展与协会活动的概况。乔秦生副理事长宣读了协会2017年工作要点。庄洪亮监事宣读了关于对具有天津市监理员(中、高级职称)的人员换发《天津市专业监理工程师岗位培训证》的议案。全体理事举手表决,全体通过。

为纪念协会成立十五周年,表彰了一批为天津市监理行业健康发展作出贡献的杰出企业和先进人员,会上对《2016年度天津市优秀专业监理工程师奖》《2016年度天津市优秀总监理工程师奖》《天津市第五届监理企业诚信评价奖》《天津市建设监理行业贡献奖》进行表彰,与会领导为获奖代表颁发了奖状和奖牌。

协会三届六次会员代表大会、理事会暨协会成立十五周年纪念表彰大会在和谐友好的气氛中圆满落下帷幕,得到了与会代表的一致好评,还收到了中监协及兄弟省市协会发来的贺信,对协会成立十五年表示祝贺,充分肯定了天津协会十五年的工作成绩,协会还将继续坚定信念与决心,在相关主管部门的正确领导下,团结一心,开拓进取,争创一流,为推动天津市监理行业的发展作出更新、更大的贡献!

(张帅 提供)

陕西省建设监理协会第四届会员代表大会暨第四届理事会顺利召开

2017年1月6日，陕西省建设监理协会第四届会员代表大会暨第四届理事会在西安召开，近300名代表出席会议。中国建设监理协会副会长王学军、陕西省住建厅副厅长郑建钢、住建厅建管办主任茹广生（副厅级）到会并讲话，省建设类各兄弟协会负责人也到会祝贺。

会议听取和审议了三届理事会商科会长所作的工作报告，同时审议了协会章程及章程修改说明报告、财务审计报告、会费缴纳使用管理办法等有关制度。会议采用无记名投票的方式通过了会费缴纳标准，选举产生了第四届理事会会长、副会长、秘书长和常务理事，商科同志连任会长。

朱立权副会长在协会成立二十周年纪念议程中，总结了协会成立二十年来为陕西建设工程监理所作的贡献，涌现出一批先进企业、优秀从业人员，号召大家在新的二十年起点上再接再厉。

中监协王学军副会长、陕西省住建厅郑建钢副厅长在讲话中，充分肯定了陕西省建设监理协会多年来在服务政府、服务企业方面所做的工作，在建设工程质量两年行动中所做的努力，加强行业自律和促进构建诚信体系建设、推进行业发展等方面作出的成绩，希望协会今后继续优化双向服务，依据"四库一平台"监管体系，积极配合建设部门，加强诚信体系建设，开拓新的服务领域，推进全过程一体化项目管理、"互联网+"等方面工作，学习借鉴国内外先进经验，塑造良好的社会信誉，不断提高建设工程监理的服务技能和管理水平，为陕西经济实现跨越发展作出更大贡献。

（何莉 提供）

福建省工程监理企业信用评价系统2017年元旦起正式启用

为推进福建省工程监理行业诚信体系建设，构建"诚信激励、失信惩戒"机制，进一步规范监理市场秩序，保障工程质量和建筑安全生产，福建省住房和城乡建设厅于2015年11月14日印发了《关于印发<福建省工程监理企业信用综合评价暂行办法>及三份评价标准（2015年版）的通知》(闽建[2015]7号)。为了做好工程监理企业信用综合评价暂行办法的组织实施，福建省住建厅组织开发了福建省工程监理企业信用评价系统，印发了《关于启用"福建省工程监理企业信用评价系统"的通知》(闽建办建[2016]57号)，要求各地信用评价实施单位按《福建省工程监理企业信用综合评价暂行办法》要求开展工程监理企业信用评价，稳健、有序、全面推进工程监理企业信用综合评价工作。

闽建办建[2016]57号文从企业通常行为、企业项目实施行为、建设单位对监理评价三个方面对如何正确试运行有关工作作了规定，且要求建设单位自2017年1月1日起通过"福建省工程项目建设信息系统"登录"建设单位对监理评价系统"对监理进行评价。

福建省住建厅开发的福建省工程监理企业信用评价系统，作为一个信息监管平台，评价结果与监理企业资质资格动态监管、招投标、评优评先、政策扶持等相结合，对于促进监理企业公平、公正竞争，保证监理企业良性发展，间接激励监理人员提升自我素质起到"引擎"和"驱动"作用。

（林杰 提供）

上海市建设工程咨询行业协会举办"国际建设管理的研究对我国建设管理领域全面深化改革的启示"专题讲座

2017年1月8日,由上海市建设工程咨询行业协会举办的"国际建设管理的研究对我国建设管理领域全面深化改革的启示"专题讲座活动在好望角大饭店召开,此次讲座是协会于2017年正式开设的"上海建设工程咨询大讲坛"系列讲座的首场,特别邀请了著名学者、同济大学丁士昭教授担任主讲。严鸿华会长主持了本次活动并发表讲话。

本次讲座丁教授围绕"如何借鉴国际经验推进建设管理的全面深化改革",就工程咨询领域普遍关注的"工业发达国家政府工程政府管理体制""住建部对企业资质和个人资质的监管""国际大型工程顾问公司特征分析""工程项目总承包模式的发展趋势""在全面深化改革中应用变革管理理论解决工程质量和安全问题的对策和途径"等旧症结与新焦点,结合有关政策及市场发展现状进行了深入浅出的讲解,并回答了现场听众的提问。

严鸿华会长在讲话中对丁士昭教授表示了感谢,严会长指出丁士昭教授的讲座给行业发展带来诸多的启示,值得深入思考与研究,同时强调在过去的一年当中,建筑领域发生了许多变革及政策调整,行业和企业理应结合市场变革新趋势,研究和探索引新发展的新战略与新思路。

本次讲座共有近200名业内人士参加,协会顾问、协会副会长及相关企业负责人士席了活动。

协会举办的"上海建设工程咨询大讲坛"系列讲座旨在介绍行业新形势、新趋势,解析行业新规范、新政策,分享建设工程咨询管理工作的实践经验,引领建设工程咨询行业从变革中加快转型发展的步伐,讲座的内容涉及行业发展各个方面,并将在2017年陆续推出。

内蒙古自治区工程建设协会举办"建筑业'营改增'模式下的企业管理解读"讲座

为进一步做好企业"营改增"工作,促进行业更好发展,使企业管理精细化、专业化,全面梳理研究"营改增"给企业带来的影响,制定应对措施,及时进行调整,内蒙古自治区工程建设协会特邀请国家"营改增"专家徐关潮于2017年1月11日在呼和浩特市天和国际大酒店举办"建筑业'营改增'模式下的企业管理解读"讲座。

内蒙古自治区工程建设协会施工质量专业、工程造价专业、工程监理专业及工程招标代理专业相关会员单位代表500余人参加了此次培训。协会常务副会长张少波主持,会长徐俊平到会致辞,感谢徐关潮老师来到内蒙古地区进行授课。

本次培训主要内容包括:"营改增"的政策动态和基本常识,及其给建筑企业带来的管理难点及痛点、对建筑企业造成的风险及应对等。课程结束后很多参会代表表示对此次培训的相关知识收获颇丰,很多参会人员会后与老师进行进一步交流,并表示期望以后能多次举办类似的"营改增"培训。

云南省建设监理协会第六届会员大会在昆明召开

2016年12月6日上午,云南省建设监理协会第六届会员大会暨换届选举大会在昆明市云安会都隆重召开。112家会员单位共130人出席了会议。会议由第五届理事会副会长王锐主持,会长杨宇代表理事会向大会作第五届理事会工作报告。云南省住房和城乡建设厅建筑市场监管处副主任科员郭瑞代表建管处到会并讲话。会议审议通过了第五届理事会工作报告、财务报告、第五届监事会工作报告和《云南省建设监理协会章程》修订稿。会议选举产生了协会新一届理事会和常务理事会,杨丽当选为第六届理事会会长,王锐、郑煜、俞建华、胡文琨、宁渊、刘军、陈建新、嵇鸿鹰、白伟当选为副会长,李竹莹当选为监事长,文朝华、季旋、姚晗、纪丙安当选为监事。

大会回顾和总结了第五届理事会的工作,并对新一届理事会的下一步工作提出了好的建议。会议认为,第五届理事会在各级领导和政府主管部门的关心指导下,在广大会员单位的支持配合下,取得了一定的成绩,但在总结成绩的同时,也清醒地看到了相对于行业发展要求的差距和不足。协会将继续本着"服务"的宗旨,进一步加强自身建设,努力提高服务水平,为促进云南省监理事业的健康发展贡献力量。

新当选会长杨丽发表了就职讲话。表示新一届理事会要继续传承"开门办会、民主兴会"的宗旨,以党的十八届六中全会精神为指导,加强协会党建工作,提升秘书处服务功能;以行业的利益为根本出发点,激发会员单位参与协会建设的热情,充分发挥协会的桥梁纽带作用,协助政府主管部门进一步规范行业秩序,提升行业形象;走出去,开阔视野,学习先进协会和企业好的经验和做法,将协会办成会员信任的平等、自律、和谐、进取的协会。

本次大会严格按照《云南省行业协会条例》以及《云南省建设监理协会章程》相关规定,依法完成了各项议程,大会取得圆满成功。

(宋丽 提供)

山东省建设监理协会力推行业从业人员信用自律双向服务

为推进监理行业信用体系建设,提高建设工程监理从业人员业务水平,提升监理咨询服务质量水平,山东省建设监理协会改革实践工程监理从业人员管理,建立监理员、专业监理工程师、注册监理工程师实名制信用自律管理制度,启用建设工程监理行业信用自律与教育服务平台,目前,已为近500家会员企业、50000余从业人员提供平台信息化管理服务。

建设工程监理行业信用自律与教育服务平台采用"1+2+C+X"的设计模式。"1"是基础平台;"2"是监理人员业务教育系统和实名制信用自律信息管理系统两大业务应用系统,改革了传统长时面授方式,采用了网络学习加短时面授的方式,同时将企业及从业人员信用信息纳入平台统一管理;"C"是为从业人员发放建设工程监理从业人员教育与信用信息卡,卡内详细信息可通过扫描卡面二维码进行查询;"X"是信息数据交换接口,即通过与山东省建筑市场监管与诚信信息一体化平台数据互通,实时获取省平台注册监理工程师人员数据信息,推送监理员、专业监理工程师人员数据信息,将监理从业人员信息数据关联到工程项目上,及时记录、共享、发布人员的基本信息、教育信息、业绩信息、良好行为和不良行为信息,开启了会员企业和从业人员信息化管理服务新模式,提高监理行业信息化监管力度。

(李建 提供)

武汉建设监理行业2017年宣传通联暨行业自治工作会议圆满召开

1月12日下午,武汉建设监理行业2017年宣传通联暨行业自治工作会议在武钢宾馆报告厅隆重召开。来自全行业的近200家会员企业近300位代表参加。会议还邀请了武汉市总工会、武汉建筑行业协会联席会、《中华建设报》等相关单位的领导出席。

本次会议由协会秘书长陈凌云主持。协会常务副会长杨泽尘首先作了《助力行业自治 推动协会宣传通联工作再上新台阶》的2016年度宣传通联工作报告,对2016年度通联工作进行了回顾,并阐述了2017年宣传通联工作的思路和建议,认为媒体盛行的时代,扩大行业宣传,反映行业自治成果很有必要。

在副会长秦永祥宣读完《关于表扬2016年度武汉建设监理行业通联工作先进单位、优秀个人以及优秀论文作者的通知》(武建监协〔2017〕1号文)后,现场举办了隆重的颁奖仪式。

会上,会长汪成庆作了《推行"行业自治" 引导价格回归价值》的主题演讲,王会长激情饱满地介绍了推行行业自治的重要性和必要性,为从根本上解决监理行业目前"散、弱、乱"的现状提出了切实的方法,从而倒逼价格回归价值,让全体监理企业充分认识到自我的生存环境和未来的发展方向,更加积极地投入到行业自治活动中来,热情参与,共享成果。

会议最后,监事长杜富洲作了《武汉建设监理行业2016年度自治活动工作报告》,回顾了自2016年8月行业自治活动开展以来各小组取得的阶段性成果,同时部署了2017年行业自治活动的工作思路。他表示,开弓没有回头箭,行业自治活动早已箭在弦上,不得不发,要想从根本上解决监理行业的现状,必须下定"壮士断腕"的决心,全体监理企业更应该积极投身行业自治活动,团结一致,共创美好明天。

面对崭新的2017年,为继续深入行业自治活动,会长汪成庆及8位自治小组组长一同上台,手挽手共同完成了激动人心的行业自治活动再次起航的仪式。

(陈凌云 提供)

陈政高在全国住房城乡建设工作会议上要求

不忘初心　再接再厉　奋力谱写住房城乡建设事业新篇章

2016年12月26日，全国住房城乡建设工作会议在北京召开。住房城乡建设部党组书记、部长陈政高全面总结了2016年住房城乡建设工作，对2017年工作任务作出部署。

陈政高指出，2016年是"十三五"规划的开局之年，是全面落实中央城市工作会议的第一年。住房城乡建设系统在党中央、国务院的正确领导下，狠抓各项工作落实，不断开创工作新局面。

一是努力推进房地产去库存，二是着力稳定热点城市房地产市场，三是顺利完成棚户区改造任务，四是不断加强城乡规划工作，五是继续强化城市基础设施建设，六是认真落实城市执法体制改革任务，七是全面理清建筑业改革发展思路，八是全力推动装配式建筑发展，九是深入开展农村人居环境改善工作。

2016年，全系统深入开展了"两学一做"学习教育，持续推进党风廉政建设。特别是中央巡视组对住建部党组进行了专项巡视。对照巡视指出的问题，全面认真进行了整改。

在部署明年住房城乡建设工作时，陈政高强调，2017年，住房城乡建设系统要全面贯彻党的十八大和十八届三中、四中、五中、六中全会精神，认真学习贯彻习近平总书记系列重要讲话精神，贯彻落实中央经济工作会议和中央城市工作会议的决策部署，牢固树立和贯彻落实新发展理念，坚持稳中求进工作总基调，坚持以推进供给侧结构性改革为主线，全力推动住房城乡建设事业迈上新台阶。具体工作目标如下：

一是千方百计抓好房地产调控，确保房地产市场平稳健康发展；二是继续加快棚户区改造工作，不断完善住房保障体系；三是切实提高城市规划权威性，充分发挥规划龙头作用；四是加快补齐城市基础设施短板，努力促进"城市病"治理；五是深入推进城市执法体制改革，努力开创城市管理工作新局面；六是狠抓农村人居环境改善十项工程，促进城乡统筹发展；七是认真推动改革与发展，加快迈进建筑业强国步伐；八是加大工作力度，不断推进装配式建筑向前发展；九是加快工程建设标准改革步伐，切实树立标准权威。

最后，陈政高强调，住房城乡建设系统要紧密团结在以习近平同志为核心的党中央周围，不忘初心，继续前行。要把全面从严治党的要求落实到每一个党组织、每一个党员和每一项工作中，扎实推进住房城乡建设各项工作，以优异成绩迎接党的十九大胜利召开！

中央纪委驻部纪检组组长石生龙，住房城乡建设部副部长易军、陆克华、倪虹、黄艳，住房城乡建设部党组成员常青出席会议，易军作总结讲话。各省、自治区住房城乡建设厅、直辖市建委及有关部门、计划单列市建委及有关部门主要负责人，新疆生产建设兵团建设局主要负责人，党中央、国务院有关部门司（局）负责人，中央军委后勤保障部军事设施建设局、中国海员建设工会有关负责人，部机关各司局、部属单位主要负责人以及部分地级以上城市人民政府分管住房城乡建设工作的副市长出席了会议。

（张菊桃　收集）

中共中央 国务院关于推进安全生产领域改革发展的意见

（2016年12月9日）

安全生产是关系人民群众生命财产安全的大事，是经济社会协调健康发展的标志，是党和政府对人民利益高度负责的要求。党中央、国务院历来高度重视安全生产工作，党的十八大以来作出一系列重大决策部署，推动全国安全生产工作，取得积极进展。同时也要看到，当前我国正处在工业化、城镇化持续推进过程中，生产经营规模不断扩大，传统和新型生产经营方式并存，各类事故隐患和安全风险交织叠加，安全生产基础薄弱、监管体制机制和法律制度不完善、企业主体责任落实不力等问题依然突出，生产安全事故易发多发，尤其是重特大安全事故频发势头尚未得到有效遏制，一些事故发生呈现由高危行业领域向其他行业领域蔓延的趋势，直接危及生产安全和公共安全。为进一步加强安全生产工作，现就推进安全生产领域改革发展提出如下意见。

一、总体要求

（一）指导思想。全面贯彻党的十八大和十八届三中、四中、五中、六中全会精神，以邓小平理论、"三个代表"重要思想、科学发展观为指导，深入贯彻习近平总书记系列重要讲话精神和治国理政新理念、新思想、新战略，进一步增强"四个意识"，紧紧围绕统筹推进"五位一体"总体布局和协调推进"四个全面"战略布局，牢固树立新发展理念，坚持安全发展，坚守发展决不能以牺牲安全为代价这条不可逾越的红线，以防范遏制重特大生产安全事故为重点，坚持安全第一、预防为主、综合治理的方针，加强领导、改革创新、协调联动、齐抓共管，着力强化企业安全生产主体责任，着力堵塞监督管理漏洞，着力解决不遵守法律法规的问题，依靠严密的责任体系、严格的法治措施、有效的体制机制、有力的基础保障和完善的系统治理，切实增强安全防范治理能力，大力提升我国安全生产整体水平，确保人民群众安康幸福、共享改革发展和社会文明进步成果。

（二）基本原则

1. 坚持安全发展。贯彻以人民为中心的发展思想，始终把人的生命安全放在首位，正确处理安全与发展的关系，大力实施安全发展战略，为经济社会发展提供强有力的安全保障。

2. 坚持改革创新。不断推进安全生产理论创新、制度创新、体制机制创新、科技创新和文化创新，增强企业内生动力，激发全社会创新活力，破解安全生产难题，推动安全生产与经济社会协调发展。

3. 坚持依法监管。大力弘扬社会主义法治精神，运用法治思维和法治方式，深化安全生产监管执法体制改革，完善安全生产法律法规和标准体系，严格规范公正文明执法，增强监管执法效能，提高安全生产法治化水平。

4. 坚持源头防范。严格安全生产市场准入，经济社会发展要以安全为前提，把安全生产贯穿城乡规划布局、设计、建设、管理和企业生产经营活动全过程。构建风险分级管控和隐患排查治理双重预防工作机制，严防风险演变、隐患升级导致的生产安全事故发生。

5.坚持系统治理。严密层级治理和行业治理、政府治理、社会治理相结合的安全生产治理体系，组织动员各方面力量实施社会共治。综合运用法律、行政、经济、市场等手段，落实人防、技防、物防措施，提升全社会安全生产治理能力。

（三）目标任务。到2020年，安全生产监管体制机制基本成熟，法律制度基本完善，全国生产安全事故总量明显减少，职业病危害防治取得积极进展，重特大生产安全事故频发势头得到有效遏制，安全生产整体水平与全面建成小康社会目标相适应。到2030年，实现安全生产治理体系和治理能力现代化，全民安全文明素质全面提升，安全生产保障能力显著增强，为实现中华民族伟大复兴的中国梦奠定稳固可靠的安全生产基础。

二、健全落实安全生产责任制

（四）明确地方党委和政府领导责任。坚持党政同责、一岗双责、齐抓共管、失职追责，完善安全生产责任体系。地方各级党委和政府要始终把安全生产摆在重要位置，加强组织领导。党政主要负责人是本地区安全生产第一责任人，班子其他成员对分管范围内的安全生产工作负领导责任。地方各级安全生产委员会主任由政府主要负责人担任，成员由同级党委和政府及相关部门负责人组成。

地方各级党委要认真贯彻执行党的安全生产方针，在统揽本地区经济社会发展全局中同步推进安全生产工作，定期研究决定安全生产重大问题。加强安全生产监管机构领导班子、干部队伍建设。严格安全生产履职绩效考核和失职责任追究。强化安全生产宣传教育和舆论引导。发挥人大对安全生产工作的监督促进作用、政协对安全生产工作的民主监督作用。推动组织、宣传、政法、机构编制等单位支持保障安全生产工作。动员社会各界积极参与、支持、监督安全生产工作。

地方各级政府要把安全生产纳入经济社会发展总体规划，制定实施安全生产专项规划，健全安全投入保障制度。及时研究部署安全生产工作，严格落实属地监管责任。充分发挥安全生产委员会作用，实施安全生产责任目标管理。建立安全生产巡查制度，督促各部门和下级政府履职尽责。加强安全生产监管执法能力建设，推进安全科技创新，提升信息化管理水平。严格安全准入标准，指导管控安全风险，督促整治重大隐患，强化源头治理。加强应急管理，完善安全生产应急救援体系。依法依规开展事故调查处理，督促落实问题整改。

（五）明确部门监管责任。按照管行业必须管安全、管业务必须管安全、管生产经营必须管安全和谁主管谁负责的原则，厘清安全生产综合监管与行业监管的关系，明确各有关部门安全生产和职业健康工作职责，并落实到部门工作职责规定中。安全生产监督管理部门负责安全生产法规标准和政策规划制定修订、执法监督、事故调查处理、应急救援管理、统计分析、宣传教育培训等综合性工作，承担职责范围内行业领域安全生产和职业健康监管执法职责。负有安全生产监督管理职责的有关部门依法依规履行相关行业领域安全生产和职业健康监管职责，强化监管执法，严厉查处违法违规行为。其他行业领域主管部门负有安全生产管理责任，要将安全生产工作作为行业领域管理的重要内容，从行业规划、产业政策、法规标准、行政许可等方面加强行业安全生产工作，指导督促企事业单位加强安全管理。党委和政府其他有关部门要在职责范围内为安全生产工作提供支持保障，共同推进安全发展。

（六）严格落实企业主体责任。企业对本单位安全生产和职业健康工作负全面责任，要严格履行安全生产法定责任，建立健全自我约束、持续改进的内生机制。企业实行全员安全生产责任制度，法定代表人和实际控制人同为安全生产第一责任人，主要技术负责人负有安全生产技术决策和指挥权，强化部门安全生产职责，落实一岗双责。完善落实混合所有制企业以及跨地区、多层级和境外中资企业投资主体的安全生产责任。建立企业全过程安全生产和职业健康管理制度，做到安全责任、管理、投入、培训和应急救援"五到位"。国有企业要发挥安全生产工作示范带头作用，自觉接受属地监管。

（七）健全责任考核机制。建立与全面建成小康社会相适应和体现安全发展水平的考核评价体系。完善考核制度，统筹整合、科学设定安全生产考核指标，加大安全生产在社会治安综合治理、精神文明建设等考核中的权重。各级政府要对同级安全生产委员会成员单位和下级政府实施严格的安全生产工作责任考核，实行过程考核与结果考核相结合。各地区各单位要建立安全生产绩效与履职评定、职务晋升、奖励惩处挂钩制度，严格落实安全生产"一票否决"制度。

（八）严格责任追究制度。实行党政领导干部任期安全生产责任制，日常工作依责尽职、发生事故依责追究。依法依规制定各有关部门安全生产权力和责任清单，尽职照单免责、失职照单问责。建立企业生产经营全过程安全责任追溯制度。严肃查处安全生产领域项目审批、行政许可、监管执法中的失职渎职和权钱交易等腐败行为。严格事故直报制度，对瞒报、谎报、漏报、迟报事故的单位和个人依法依规追责。对被追究刑事责任的生产经营者依法实施相应的职业禁入，对事故发生负有重大责任的社会服务机构和人员依法严肃追究法律责任，并依法实施相应的行业禁入。

三、改革安全监管监察体制

（九）完善监督管理体制。加强各级安全生产委员会组织领导，充分发挥其统筹协调作用，切实解决突出矛盾和问题。各级安全生产监督管理部门承担本级安全生产委员会日常工作，负责指导协调、监督检查、巡查考核本级政府有关部门和下级政府安全生产工作，履行综合监管职责。负有安全生产监督管理职责的部门，依照有关法律法规和部门职责，健全安全生产监管体制，严格落实监管职责。相关部门按照各自职责建立完善安全生产工作机制，形成齐抓共管格局。坚持管安全生产必须管职业健康，建立安全生产和职业健康一体化监管执法体制。

（十）改革重点行业领域安全监管监察体制。依托国家煤矿安全监察体制，加强非煤矿山安全生产监管监察，优化安全监察机构布局，将国家煤矿安全监察机构负责的安全生产行政许可事项移交给地方政府承担。着重加强危险化学品安全监管体制改革和力量建设，明确和落实危险化学品建设项目立项、规划、设计、施工及生产、储存、使用、销售、运输、废弃处置等环节的法定安全监管责任，建立有力的协调联动机制，消除监管空白。完善海洋石油安全生产监督管理体制机制，实行政企分开。理顺民航、铁路、电力等行业跨区域监管体制，明确行业监管、区域监管与地方监管职责。

（十一）进一步完善地方监管执法体制。地方各级党委和政府要将安全生产监督管理部门作为政府工作部门和行政执法机构，加强安全生产执法队伍建设，强化行政执法职能。统筹加强安全监管力量，重点充实市、县两级安全生产监管执法人员，强化乡镇（街道）安全生产监管力量建设。完善各类开发区、工业园区、港区、风景区等功能区安全生产监管体制，明确负责安全生产监督管理的机构，以及港区安全生产地方监管和部门监管责任。

（十二）健全应急救援管理体制。按照政事分开原则，推进安全生产应急救援管理体制改革，强化行政管理职能，提高组织协调能力和现场救援时效。健全省、市、县三级安全生产应急救援管理工作机制，建设联动互通的应急救援指挥平台。依托公安消防、大型企业、工业园区等应急救援力量，加强矿山和危险化学品等应急救援基地和队伍建设，实行区域化应急救援资源共享。

四、大力推进依法治理

（十三）健全法律法规体系。建立健全安全生产法律法规立改废释工作协调机制。加强涉及安全生产相关法规一致性审查，增强安全生产法制建设的系统性、可操作性。制定安全生产中长期立法规划，加快制定修订安全生产法配套法规。加强安全生产和职业健康法律法规衔接融合。研究修改刑法有关条款，将生产经营过程中极易导致重大生产安全事故的违法行为列入刑法调整范围。制定完善高危行业领域安全规程。设区的市根据立法法的立法精神，加强安全生产地方性法规建设，解决区域性安全生产突出问题。

（十四）完善标准体系。加快安全生产标准制定修订和整合，建立以强制性国家标准为主体的安全生产标准体系。鼓励依法成立的社会团体和企业制定更加严格规范的安全生产标准，结合国情积极借鉴实施国际先进标准。国务院安全生产监督管理部门负责生产经营单位职业危害预防治理国家标准制定发布工作；统筹提出安全生产强制性国家标准立项计划，有关部门按照职责分工组织起草、审查、实施和监督执行，国务院标准化行政主管部门负责及时立项、编号、对外通报、批准并发布。

（十五）严格安全准入制度。严格高危行业领域安全准入条件。按照强化监管与便民服务相结合原则，科学设置安全生产行政许可事项和办理程序，优化工作流程，简化办事环节，实施网上公开办理，接受社会监督。对与人民群众生命财产安全直接相关的行政许可事项，依法严格管理。对取消、下放、移交的行政许可事项，要加强事中事后安全监管。

（十六）规范监管执法行为。完善安全生产监管执法制度，明确每个生产经营单位安全生产监督和管理主体，制定实施执法计划，完善执法程序规定，依法严格查处各类违法违规行为。建立行政执法和刑事司法衔接制度，负有安全生产监督管理职责的部门要加强与公安、检察院、法院等协调配合，完善安全生产违法线索通报、案件移送与协查机制。对违法行为当事人拒不执行安全生产行政执法决定的，负有安全生产监督管理职责的部门应依法申请司法机关强制执行。完善司法机关参与事故调查机制，严肃查处违法犯罪行为。研究建立安全生产民事和行政公益诉讼制度。

（十七）完善执法监督机制。各级人大常委会要定期检查安全生产法律法规实施情况，开展专题询问。各级政协要围绕安全生产突出问题开展民主监督和协商调研。建立执法行为审议制度和重大行政执法决策机制，评估执法效果，防止滥用职权。健全领导干部非法干预安全生产监管执法的记录、通报和责任追究制度。完善安全生产执法纠错和执法信息公开制度，加强社会监督和舆论监督，保证执法严明、有错必纠。

（十八）健全监管执法保障体系。制定安全生产监管监察能力建设规划，明确监管执法装备及现场执法和应急救援用车配备标准，加强监管执法技术支撑体系建设，保障监管执法需要。建立完善负有安全生产监督管理职责的部门监管执法经费保障机制，将监管执法经费纳入同级财政全额保障范围。加强监管执法制度化、标准化、信息化建设，确保规范高效监管执法。建立安全生产监管执法人员依法履行法定职责制度，激励保证监管执法人员忠于职守、履职尽责。严格监管执法人员资格管理，制定安全生产监管执法人员录用标准，提高专业监管执法人员比例。建立健全安全生产监管执法人员凡进必考、入职培训、持证上岗和定期轮训制度。统一安全生产执法标志标识和制式服装。

（十九）完善事故调查处理机制。坚持问责与整改并重，充分发挥事故查处对加强和改进安全生产工作的促进作用。完善生产安全事故调查组组长负责制。健全典型事故提级调查、跨地区协同调查和工作督导机制。建立事故调查分析技术支撑体系，所有事故调查报告要设立技术和管理问题专篇，详细分析原因并全文发布，做好解读，回应公众关切。对事故调查发现有漏洞、缺陷的有关法律法规和标准制度，及时启动制定修订工作。建立事故暴露问题整改督办制度，事故结案后一年内，负责事故调查的地方政府和国务院有关部门要组织开展评估，及时向社会公开，对履职不力、整改措施不落实的，依法依规严肃追究有关单位和人员责任。

五、建立安全预防控制体系

（二十）加强安全风险管控。地方各级政府要建立完善安全风险评估与论证机制，科学合理确定企业选址和基础设施建设、居民生活区空间布局。高危项目审批必须把安全生产作为前置条件，城乡规划布局、设计、建设、管理等各项工作必须以安全为前提，实行重大安全风险"一票否决"。加强新材料、新工艺、新业态安全风险评估和管控。紧密结合供给侧结构性改革，推动高危产业转型升级。位置相邻、行业相近、业态相似的地区和行业要建立完善重大安全风险联防联控机制。构建国家、省、市、县四级重大危险源信息管理体系，对重点行业、重点区域、重点企业实行风险预警控制，有效防范重特大生产安全事故。

（二十一）强化企业预防措施。企业要定期开展风险评估和危害辨识。针对高危工艺、设备、物品、场所和岗位，建立分级管控制度，制定落实安全操作规程。树立隐患就是事故的观念，建立健全隐患排查治理制度、重大隐患治理情况向负有安全生产监督管理职责的部门和企业职代会"双报告"制度，实行自查自改自报闭环管理。严格执行安全生产和职业健康"三同时"制度。大力推进企业安全生产标准化建设，实现安全管理、操作行为、设备设施和作业环境的标准化。开展经常性的应急演练和人员避险自救培训，着力提升现场应急处置能力。

（二十二）建立隐患治理监督机制。制定生产安全事故隐患分级和排查治理标准。负有安全生产监督管理职责的部门要建立与企业隐患排查治理系统联网的信息平台，完善线上线下配套监管制度。强化隐患排查治理监督执法，对重大隐患整改不到位的企业依法采取停产停业、停止施工、停止供电和查封扣押等强制措施，按规定给予上限经济处罚，对构成犯罪的要移交司法机关依法追究刑事责任。严格重大隐患挂牌督办制度，对整改和督办不力的纳入政府核查问责范围，实行约谈告诫、公开曝光，情节严重的依法依规追究相关人员责任。

（二十三）强化城市运行安全保障。定期排查区域内安全风险点、危险源，落实管控措施，构建系统性、现代化的城市安全保障体系，推进安全发展示范城市建设。提高基础设施安全配置标准，重点加强对城市高层建筑、大型综合体、隧道桥梁、管线管廊、轨道交通、燃气、电力设施及电梯、游乐设施等的检测维护。完善大型群众性活动安全管理制度，加强人员密集场所安全监管。加强公安、民政、国土资源、住房城乡建设、交通运输、水利、农业、安全监管、气象、地震等相关部门的协调联动，严防自然灾害引发事故。

（二十四）加强重点领域工程治理。深入推进对煤矿瓦斯、水害等重大灾害以及矿山采空区、尾矿库的工程治理。加快实施人口密集区域的危险化学品和化工企业生产、仓储场所安全搬迁工程。深化油气开采、输送、炼化、码头接卸等领域安全整治。实施高速公路、乡村公路和急弯陡坡、临水临崖危险路段公路安全生命防护工程建设。加强高速铁路、跨海大桥、海底隧道、铁路浮桥、航运枢纽、港口等防灾监测、安全检测及防护系统建设。完善长途客运车辆、旅游客车、危险物品运输车辆和船舶生产制造标准，提高安全性能，强制安装智能视频监控报警、防碰撞和整车整船安全运行监管技术装备，对已运行的要加快安全技术装备改造升级。

（二十五）建立完善职业病防治体系。将职业病防治纳入各级政府民生工程及安全生产工作考核体系，制定职业病防治中长期规划，实施职业健康促进计划。加快职业病危害严重企业技术改造、转型升级和淘汰退出，加强高危粉尘、高毒物品等职业病危害源头治理。健全职业健康监管支撑保障体系，加强职业健康技术服务机构、职业病诊断鉴定机构和职业健康体检机构建设，强化职业病危害基础研究、预防控制、诊断鉴定、综合治疗能力。完善相关规定，扩大职业病患者救治范围，将职业病失能人员纳入社会保障范围，对符合条件的职业病患者落实医疗与生活救助措施。加强企业职业健康监管执法，督促落实职业病危害告知、日常监测、定期报告、防护保障和职业健康体检等制度措施，落实职业病防治主体责任。

六、加强安全基础保障能力建设

（二十六）完善安全投入长效机制。加强中央和地方财政安全生产预防及应急相关资金使用管理，加大安全生产与职业健康投入，强化审计监督。加强安全生产经济政策研究，完善安全生产专用设备企业所得税优惠目录。落实企业安全生产费用提取管理使用制度，建立企业增加安全投入的激励约束机制。健全投融资服务体系，引导企业集聚发展灾害防治、预测预警、检测监控、个体防护、应急处置、安全文化等技术、装备和服务产业。

（二十七）建立安全科技支撑体系。优化整合国家科技计划，统筹支持安全生产和职业健康领域科研项目，加强研发基地和博士后科研工作站建设。开展事故预防理论研究和关键技术装备研发，加快成果转化和推广应用。推动工业机器人、智能装备在危险工序和环节广泛应用。提升现代信息技术与安全生产融合度，统一标准规范，加快安全生产信息化建设，构建安全生产与职业健康信息化全国"一张网"。加强安全生产理论和政策研究，运用大数据技术开展安全生产规律性、关联性特征分析，提高安全生产决策科学化水平。

（二十八）健全社会化服务体系。将安全生产专业技术服务纳入现代服务业发展规划，培育多元化服务主体。建立政府购买安全生产服务制度。支持发展安全生产专业化行业组织，强化自治自律。完善注册安全工程师制度。改革完善安全生产和职业健康技术服务机构资质管理办法。支持相关机构开展安全生产和职业健康一体化评价等技术服务，严格实施评价公开制度，进一步激活和规范专业技术服务市场。鼓励中小微企业订单式、协作式购买运用安全生产管理和技术服务。建立安全生产和职业健康技术服务机构公示制度和由第三方实施的信用评定制度，严肃查处租借资质、违法挂靠、弄虚作假、垄断收费等各类违法违规行为。

（二十九）发挥市场机制推动作用。取消安全生产风险抵押金制度，建立健全安全生产责任保险制度，在矿山、危险化学品、烟花爆竹、交通运输、建筑施工、民用爆炸物品、金属冶炼、渔业生产等高危行业领域强制实施，切实发挥保险机构参与风险评估管控和事故预防功能。完善工伤保险制度，加快制定工伤预防费用的提取比例、使用和管理具体办法。积极推进安全生产诚信体系建设，完善企业安全生产不良记录"黑名单"制度，建立失信惩戒和守信激励机制。

（三十）健全安全宣传教育体系。将安全生产监督管理纳入各级党政领导干部培训内容。把安全知识普及纳入国民教育，建立完善中小学安全教育和高危行业职业安全教育体系。把安全生产纳入农民工技能培训内容。严格落实企业安全教育培训制度，切实做到先培训、后上岗。推进安全文化建设，加强警示教育，强化全民安全意识和法治意识。发挥工会、共青团、妇联等群团组织作用，依法维护职工群众的知情权、参与权与监督权。加强安全生产公益宣传和舆论监督。建立安全生产"12350"专线与社会公共管理平台统一接报、分类处置的举报投诉机制。鼓励开展安全生产志愿服务和慈善事业。加强安全生产国际交流合作，学习借鉴国外安全生产与职业健康先进经验。

各地区各部门要加强组织领导，严格实行领导干部安全生产工作责任制，根据本意见提出的任务和要求，结合实际认真研究制定实施办法，抓紧出台推进安全生产领域改革发展的具体政策措施，明确责任分工和时间进度要求，确保各项改革举措和工作要求落实到位。贯彻落实情况要及时向党中央、国务院报告，同时抄送国务院安全生产委员会办公室。中央全面深化改革领导小组办公室将适时牵头组织开展专项监督检查。

本期焦点

中国建设监理协会五届四次常务理事会暨五届四次理事会在广西南宁召开

2016年12月13日，中国建设监理协会在广西南宁市召开了五届四次常务理事会暨五届四次理事会，本次会议应到理事226名，实到理事186名，符合协会章程规定的参会人数要求。会议由中国建设监理协会副会长兼秘书长修璐同志主持。

广西壮族自治区住房和城乡建设厅王小波副厅长到会并致辞，王学军副会长向大会报告了《中国建设监理协会2016年工作总结及2017年工作建议》，温健副秘书长就个人会员制度的建立、发展以及在工作中出现的问题与建议作了报告，吴江副秘书长向大会宣读了审议事项。会议审议并通过了《中国建设监理协会2016年工作报告及2017年工作建议》《中国建设监理协会个人会员发展管理情况的报告》、关于制定《建设监理企业诚信守则（试行）》《中国建设监理协会关于调整常务理事、理事的报告》《中国建设监理协会关于发展会员的报告》《中国建设监理协会关于清退单位会员的报告》等。修璐副会长就新形势下监理行业和监理企业可持续发展的研究和探讨作了报告。王学军副会长作了会议总结。

会上，北京市、安徽省、重庆市、武汉市建设监理协会进行了工作交流。

中国建设监理协会2016年工作报告

各位常务理事、理事：

受会长会托，我向五届四次常务理事会暨五届四次理事会作工作报告。

2016年，中国建设监理协会深入贯彻党的十八大和十八届五中、六中全会及中央城市工作会议精神，围绕住房城乡建设部总体工作部署，配合建设行政主管部门，大力推进工程监理行业改革发展，按照协会理事会确定的2016年工作要点，精心组织，稳步实施，较圆满完成了各项工作。

一、组织征求改革意见，助推监理行业发展

1. 征求行业改革发展意见。根据部市场司要求，今年先后两次组织有关协会、专业委员会、分会和副会长单位就《进一步推进工程监理行业改革发展的指导意见（征求意见稿）》（建市监函[2016]26号）征求意见，并将大家意见以书面形式向行政主管部门作了反映，此意见正在修改中。

2. 征求企业资质标准意见。根据市场司要求，协会就《关于征求工程监理企业资质标准（征求意见稿）意见的函》向各副会长、有关协会和企业征求了意见。提出了《关于工程监理企业资质等级标准套用施工总承包序列资质标准的建议》，为行政主管部门决策提供了依据。

3. 推进行业标准化建设。根据行业发展需要，今年开展了房建监理工作标准课题研究。根据行政主管部门要求，今年4月在杭州召开《监理工作标准化建设座谈会》，讨论了监理行业工作标准化建设情况，研究了监理工作标准化建设的范围、内容，分析了监理工作标准化建设实施效果和存在问题及推动监理工作标准化建设的措施。11月在上海召开"监理现场履职工作标准"座谈会，组织起草了《工程监理现场履职服务标准》，已报行政主管部门。12月在深圳召开了监理社团标准专家座谈会，讨论了监理行业发展社团标准顶层设计，助推行业标准化建设。

二、完成政府委托工作，落实相关政策精神

1. 完成2016年度全国监理工程师资格考试工作。组织专家完成了全国监理工程师资格考试的命题、审题工作。命题工作广泛听取了各方面意见，使试题内容与监理工作结合得更加紧密，实用性更强、质量更高，试题设计受到了有关管理机构及广大考生的好评。2016年全国监理工程师资格考试报考人数为65321人，参考人数为53004人，合格人数为17913人，合格率为33.8%。协调有关部门就"关于全国监理工程师资格考试作弊举报信"反映的问题进行了处理。

2. 做好监理工程师注册审查工作。受委托根据《注册监理工程师管理规定》（中华人民共和国建设部令第147号）等有关文件要求，协助行政主管部门做好监理工程师注册审查工作。

2016年1月至11月共受理监理工程师注

册审查120660人。初始注册21393人，其中合格人员20143人，不合格人员1250人；变更注册22756人，其中合格人员22476人，不合格人员280人；延续注册74809人，其中合格人员74374人，不合格人员435人；遗失补办633人，其中合格人员620人，不合格人员13人；注销注册1069人，其中合格人员1065人，不合格人员4人。

2016年1月至11月在监理工程师注册审查中，发现提供虚假学历证书、虚假职称证书、虚假执业资格证书等9人次，提请行政主管部门分别做出了处理。

3. 落实继续教育相关政策。为落实《国务院关于第一批清理规范89项国务院部门行政审批中介服务事项的决定》（国发[2015]58号）、《关于勘察设计工程师、注册监理工程师继续教育有关问题的通知》（建市监函[2015]202号），协会下发了《中国建设监理协会关于停止受理注册监理工程师网络继续教育报名的通知》（中建监协[2016]09号）、《关于注册监理工程师过渡期注册有关问题的通知》（中建监协[2016]23号）和《关于注册监理工程师继续教育有关事项的通知》（中建监协[2016]73号）等文件，取消了指定的继续教育培训机构，允许有条件的监理企业、高等院校和社会培训机构在地方监理协会或有关注册管理机构、行业协会管理下，开展继续教育工作，保证监理工程师继续教育有序开展。

截止到2016年11月底，注册监理工程师继续教育累计培训38342人次；其中面授20457人次，网络继续教育17885人次。

与此同时，还专门为个人会员提供了免费继续教育，2016年累计完成继续教育44092人次。

三、深入开展课题研究，服务行业发展需求

1. 完成《监理人员职业培训管理办法》课题研究。为进一步规范监理人员职业培训管理工作，根据原国家人事部对于工程技术人员继续教育的相关要求和原建设部147号部令《注册监理工程师管理规定》，组织开展《监理人员职业培训管理办法》课题调研，通过向30多家省市协会、15家行业协会及470余家监理企业问卷调查，对问卷整理分析，确定了监理人员职业教育目的、必要性、职业分类、专业标准、培训内容、考核管理等方面内容。目前，《监理人员职业培训管理办法》课题任务已经完成，对推进监理人员职业培训标准化、制度化和规范化管理，将起到积极作用。

2. 完成《项目综合咨询管理及监理行业发展方向研究》课题。为适应建筑业改革发展需求，引导有条件的大型监理企业向综合咨询管理方向发展，提高监理行业国际竞争力，组织开展了《项目综合咨询管理及监理行业发展方向》课题研究。协会组织专家多次召开座谈会，研究落实郭允冲会长对本课题的指示精神和撰写要求。与此同时，课题组还赴云南等地调研，收集整理北京、上海、浙江、武汉、深圳，水电、机械、铁道等地区及专业部门开展项目综合咨询管理的情况。本着立足改革，促进发展理念，撰写了《关于推进工程监理企业开展全过程项目管理服务的指导意见》，经郭允冲会长亲自审查修改，已报送住房城乡建设部陈政高部长和易军副部长审阅并作出了相关批示。根据部建筑市场监管司要求，起草了《关于工程监理企业开展全过程一体化项目管理服务试点的建议》，已报行政主管部门。

3. 开展《房屋建筑工程项目监理机构及工作标准》课题研究。为规范工程监理工作标准，发挥项目监理机构作用，更好落实五方主体质量安全责任，提高工程建设投资效益，今年协会还组织开展了《房屋建筑工程项目监理机构及工作标准》课题研究。课题组通过发放调查问卷，赴安徽、天津等地考察调研，以及召开有关省市和专业部门座谈会等形式，深入了解项目监理机构岗位职责和工作标准、监理工作质量检查与评价情

况。综合各方面资料，现初步形成课题成果，计划于年底结题。

四、开展监理热点交流，提升监理服务质量

1. 举办工程监理企业信息化管理与 BIM 应用经验交流会。

为推动工程监理行业信息化建设，促进"互联网+"和 BIM 技术与工程监理深入融合，2016 年 6 月在呼和浩特市组织召开了"工程监理企业信息化管理与 BIM 应用经验交流会"。会议旨在贯彻国务院"互联网+"政策和住房城乡建设部关于推进建筑业发展和改革的若干意见，以信息化打造企业核心竞争力，促进企业服务升级，推进行业可持续发展。副会长兼秘书长修璐同志作了"十三五规划纲要对建设监理行业发展的影响"主题报告，上海建科和上海现代及广州宏达等 8 家监理企业作了专题演讲。会议分析了当前监理行业面临的突出问题，探讨了信息化技术对监理企业提升服务能力的推动作用，交流了监理企业 BIM 应用，云平台智能管理，多种信息技术在工程监理及项目管理中的实际应用，会议在各方共同努力下取得圆满成功。

2. 举办应对工程监理服务价格市场化交流会。为总结工程监理行业在价格市场化方面的有效应对措施，提升监理企业对价格改革的适应能力，引导企业规范价格行为。2016 年 11 月在江西南昌组织召开了"应对工程监理服务价格市场化交流会"，郭允冲会长就工程监理行业发展形势和推进项目管理一体化服务作了重要讲话，修璐副会长兼秘书长作了"新常态下工程监理行业发展"专题演讲。有 10 位代表围绕监理服务价格市场化问题，交流了协会和企业的应对措施。会议为大家提供了一个相互学习借鉴平台，有不少同志反映，参加会议收获很大，希望协会今后多组织这类活动，力争达到共同促进监理服务价格稳定发展。

五、抓好行业信息宣传，不断提升刊物质量

《中国建设监理与咨询》是行业重要的宣传工具，在政策引导，技术交流，理论研讨、行业发展等方面发挥了重要宣传作用。为提高稿件质量，协会举办了首届《中国建设监理与咨询》有奖征文活动，使更多业内人士参与其中，丰富了稿件来源，吸引了更多读者，促进了良性循环。刊物每期围绕一个焦点话题进行稿件安排，如聚焦改革与发展、聚焦《工程质量治理两年行动方案》、聚焦全国监理协会秘书长工作会议、聚焦信息化管理与 BIM 应用等主题报道，形成了一定特色。全年共刊登各类稿件近 300 篇，其中地方及行业动态 100 余篇、政策法规等 50 余篇、技术交流 100 余篇，宣传协办企业 46 家。2016 年山西省建设监理协会等 9 家协办协会和京兴国际工程管理有限公司等 64 家协办企业为刊物发展作出了重要贡献。

六、加强协会工作沟通，发挥会长单位作用

1. 召开全国监理协会秘书长工作会议。各地方协会、专业委员会和分会是中国建设监理协会履行职能，开展工作的重要依托。2016 年 3 月，协会在北京召开了全国监理协会秘书长工作会议，会上通报了中国建设监理协会 2016 年工作要点，交流了有关协会工作经验，报告了个人会员管理有关情况，对各协会联络员进行了业务培训，同时印发了评先表扬有关管理办法，因客观原因此项工作未开展。全国监理协会秘书长工作会议的召开，深入地沟通了工作情况，有效地促进了各项工作的完成。

2. 召开中国建设监理协会会长工作会议。为解决个人会员发展中出现的新问题，8 月协会在北京召开了中国建设监理协会会长工作会议。会上，协会秘书处对个人会员制度实施情况作了专题汇报，研究分析了个人会员管理工作中存在的问题，

提出了应对措施和相关建议，保障了个人会员管理制度的顺利实施。

七、强化内部机制建设，促进协会自律发展

1. 秘书处建设。秘书处是理事会常设办事机构，建设服务高效、便捷的工作机构，是履行协会职能、发挥行业协会作用的可靠保证。按照住房城乡建设部有关政策要求，认真完善了各项管理制度，推进了协会自律发展。协会秘书处今年招聘了4名新人，进一步改善了人员结构，实现了老中青结合，以青年人为主，加强传帮带，促进了秘书处办事效率的提高。

2. 党的建设。党支部是协会工作的战斗堡垒，是带领秘书处完成各项任务，保障协会健康发展的重要抓手。面对党建新要求，协会党支部在政治教育、理论学习、党员管理上从严治党，认真学党章党规和习总书记系列讲话，从思想上、政治上、行动上同党中央保持一致。根据中央驻住建部巡视组要求，开展"自纠自查"，建立了《党支部民主生活会制度》《党支部党费管理办法》，完善了有关内部管理规定。召开了党员领导干部专题民主生活会和党员干部民主生活会，通过党建使秘书处增添了工作活力。

3. 分支机构管理。根据分支机构管理办法做好日常管理工作。对于政府主管部门委托的有关政策调研、改革方案征求意见等，协会都在第一时间联系分支机构，及时听取他们意见，向主管部门如实反馈，获得了较高评价。指导石油天然气分会、船舶分会和机械分会三个分支机构完成了换届工作。支持水电分会、机械分会、化工分会在市场调研、课题研究、业务培训、经验交流等方面积极开展工作，保障了分支机构作用的较好发挥。

4. 单位会员管理。按照协会章程规定，2016年协会发展了两批共87家单位会员。为体现会员荣誉，中国建设监理协会在举办业务交流活动时，优先安排会员参加，并拉开会员与非会员缴纳会务费差距，得到了会员认可。与此同时，对于长期不履行会员义务，不缴纳会费的会员，协会将按程序劝其退会。

5. 个人会员管理。根据《中国建设监理协会个人会员管理办法（试行）》等文件规定，协会已发展了6批个人会员，总数为66722名，分别来自31个省和12个专业部门的9599家企业。按照个人会员管理办法规定，协会与地方协会、专业委员会、分会签订了《个人会员管理服务合作协议书》，加强了协会与地方行业协会联手，共同做好为会员服务工作。根据个人会员管理需求，组织开发了"中国建设监理协会个人会员管理系统"。通过人机操作，完成个人会员入会申请、上报、审核、报批工作，提高了办公效率。为提高个人会员荣誉感，印制了个人会员证书。

6. 通报表扬2014~2015年度鲁班奖工程项目参建监理企业和总监理工程师。按照审查程序，组织有关专家对各协会推荐的企业和总监理工程师材料进行复核、公示，并就公示后企业与个人递交的补充材料再次复审。通报表扬了参建2014~2015年度鲁班奖工程项目监理企业150家和总监理工程师203名，协会为受到表扬的监理企业和总监理工程师制作颁发了荣誉证书。

7. 起草了《建设工程监理企业诚信守则（试行）》。为推进监理行业诚信体系建设，维护公平的市场竞争氛围，推进工程监理行业诚信发展，协会组织专家起草了《建设工程监理企业诚信守则（试行）》，提交本次会议审议。

八、加强财务监督管理，规范协会经济活动

严格遵守国家财务法规，坚持勤俭办会，廉洁办会，在财务审计和住房城乡建设部巡视组检查中未发现违法、违规及违纪问题。

协会总资产较去年同期增加了26866840元，增长比为47.25%。其中流动资产占总资产的86.4%，增长了62.25%；固定资产占总资产的13.6%，减少

了 7.24%。主要源于固定资产报废增多。

协会总负债为 6729908.6 元，全部为流动负债，多为预提费用，有待年底前结算。

协会净资产较去年同期增长了 36.47%。其中：限定性净资产 1500903.26 元，全部为 2005 年~2007 年考试费累计结余；非限定性净资产增加 20575999.59 元。

协会总支出 28621364.06 元。其中业务活动成本占总支出的 58.3%，管理费用占总支出的 22.15%，其他费用占总支出的 19.55%。

九、团结协作践行改革，携手并肩共谋发展

中国建设监理协会会同地方和行业协会，积极践行国家行政管理体制改革和全面放开工程服务政府指导价，工作上相互支持，化挑战为机遇，化困难为动力，各协会做了很多务实性工作。

北京市建设监理协会参照 670 号文监理取费水平，制定出《北京市监理费行业自律标准》，通过评选"行业自律示范项目"，保证了协会公布的《北京市监理费行业自律标准》实施，实现了工程监理优质优价，为监理行业发展进入良性循环提供了费用保障。

上海市建设工程咨询行业协会研究提出了"人员成本费率法"取费方式，结合定期薪酬调查系统，会同政府颁布项目人员配置标准，惩戒恶性竞争企业三项措施，对推进行业发展起了积极作用。

山东省建设监理协会制订发布了《建设工程监理服务酬金计取规则》，作为全省建设单位和监理企业在施工阶段监理费概算编制和监理合同洽谈的参考依据，规范了监理企业市场行为。

武汉市建设监理协会通过有效沟通省市发改委、住建、物价、省招投标管理局、省市交易中心等政府部门，将协会制订的《建设工程监理与相关服务计费规则》，作为工程监理招投标服务价格的主要参考依据，写进了武汉市地方政府的规范性文件和湖北省工程监理招投标示范文本，去除了之前拟定的"最低价评标法"，为行业做了件大好事。

深圳市监理工程师协会成立党委，通过加强党建工作，推进监理行业自律，规范深圳市监理企业竞争行为，带领会员单位抵制低价招标，对违反参与低于成本价竞标的会员单位，按照协会章程给予处理，遏制了监理市场恶性竞争行为。

内蒙古自治区工程建设协会、江西省建设监理协会协助中国建设监理协会分别在呼和浩特市和南昌召开全国性监理行业会议，做了大量服务工作，保证了大会圆满召开。

云南省建设监理协会、安徽省建设监理协会、沈阳市建设监理协会和大连市建设监理协会配合中国建设监理协会开展行业调研，协助组织会议和收集调研资料，做了大量工作。

对上述在行业建设中作出重要贡献和对协会工作给予大力支持的协会和监理企业，在此表示衷心感谢。

回顾一年来的工作，虽然取得了一些成绩，但也存在一些问题和不足，比如个人会员服务工作有待加强，秘书处人员服务意识有待提高，课题成果有待转化为行业发展动力等。我们将认真总结经验，不断改进。

总之，2016 年协会在住房城乡建设部统一指导下，在第五届理事会领导下，在各协会大力支持和广大会员共同努力下，我们取得了一定成绩，实现了既定的工作目标。成绩的取得，是大家共同努力的结果。

在中国建设监理协会五届四次常务理事会暨五届四次理事会上的总结发言

中国建设监理协会 王学军

同志们,下午好!中国建设监理协会五届四次常务理事会暨五届四次理事会今天圆满结束了。这次会议,审议通过了《中国建设监理协会2016年工作总结及2017年工作建议》《建设监理企业诚信守则(试行)》和《中国建设监理协会个人会员发展管理情况的报告》《中国建设监理协会发展会员的报告》等议案。会上,交流了协会工作经验。如安徽省建设监理协会介绍了建立个人会员制度,开展个人从业能力水平认定的做法;重庆市建设监理协会介绍了建立行业自律信息平台,推进行业诚信建设的做法;武汉市建设监理协会介绍了规范履职行为,强化自律管理的做法;北京市建设监理协会介绍了推进标准化建设,促进监理履职的做法。应当说这四家协会工作各有特色,在规范行业管理、提高服务能力、加强诚信建设等方面均收到了较好效果,值得大家借鉴。修璐副会长,深刻分析了影响行业可持续发展的因素,为大家指出了可持续发展努力的方向。大家要深入思考,结合行业、企业具体情况,研究可持续发展的办法,引领行业可持续发展。大家对协会2017年要做的工作,提出了很好的意见和建议,协会秘书处将认真研究落实,力争将明年工作做得更好。下面我讲几点意见,供大家在工作中参考。

一、正确认识监理管理制度改革

当前,行业最关心的是监理职能定位、强制监理范围、监理市场取费、监理执业人员继续教育方式、监理资质设置和标准设定等问题,协会在积极向建设行政主管部门反映大家的意见,争取能有理想的结果。目前,建筑业处在改革和发展时期,还将会陆续出台改革举措。监理行业发展遇到的困难较多,概括起来有以下几个方面:一是监理服务价格市场化,出现压价招标、低于成本价恶性竞争;二是取消地方和部委设置的监理人员资格,如何保持监理队伍整体素质持续提高;三是国家供给侧结构改革,房建项目减少,部分以房建监理为主的企业面临生存危机;四是建设行政主管部门和业主,对监理服务信息化水平和监理工作科技含量要求不断提高;五是建设工程管理方式和建筑模式改革,监理工作如何适应新的要求;六是监理工作标准化建设滞后,制约监理工作规范化开展;七是行业诚信建设发展不平衡,影响行业健康发展。

监理管理制度的改革与调整,目的是使监理工作适应市场经济发展的需要。在改革过程中新老观念碰撞、新老制度交替,必然会出现一些影响行业发展的问题。如何克服制约行业发展遇到的问

题，需要我们共同努力，积极配合政府主管部门提出解决办法，引领行业健康发展。

二、鼓励地方和行业协会建立个人会员管理制度

轻企业资质，重个人执业资格管理，是行业管理发展的方向。为有序推进行业自律，加强对个人执业资格管理，逐步与国际行业管理接轨，中国建设监理协会建立了个人会员制度，在地方、行业协会和会员单位的支持下，会员发展工作进展较为顺利，服务会员工作在地方协会支持下稳步开展。希望地方和行业协会，将企业负责人或主持过大型工程监理项目的注册监理工程师推荐成为中国建设监理协会会员。鼓励地方和行业协会建立个人会员管理制度，加强对监理职业人员的服务和管理，提供交流平台，加强业务培训。建立个人会员制度的地方和行业协会，可免费使用中监协网教资源为会员提供网络继续教育，不断提高个人会员综合素质，以适应市场对监理人员业务能力和服务水平的需要。

三、重视诚信体系建设

"全面依法治国"是我国的基本方略。诚实守信是规范行为，保障社会良好秩序的重要措施。因此，加强行业诚信建设对行业发展至关重要。诚实守信是企业的生存发展之本，也是做人做事的基本原则。过去，监理行业主要依靠建设行政管理部门进行管理，随着行政管理体制改革，未来监理行业管理主要靠行业自律，行业自律中诚信体系建设是一项重要工作。因此，协会和企业领导要认识到诚信建设在行业和企业发展中的重要作用。监理行业诚信体系建设的内容主要包括：诚信教育、诚信规范、诚信评价、对不诚信行为处罚等方面制度建设。扎实做好诚信体系建设工作，引导监理企业和监理人员走诚信发展道路，对于稳定监理服务价格市场、提升监理服务质量、推进监理行业健康发展将起到重要作用。

四、认真履职、发挥监理作用

国家继续实行建设监理制度，住房城乡建设部将监理列为工程质量五方责任主体之一，明确了监理在工程建设中的地位。监理行业发展中需要解决的问题较多，但继续推行工程建设监理制度不会改变。进一步发挥监理的作用，保障工程质量安全仍然是政府、行业协会和监理企业长期要做的一项重要工作。江西丰城发电厂三期工程，11月24日发生了冷却塔施工平台坍塌特别重大事故，教训深刻。住房城乡建设部紧急召开了"全国建筑施工安全生产电视电话会议"，要求立即全面开展建筑施工安全生产大检查。各地建设主管部门都在开展建筑施工安全生产检查，涉及监理履职和作用发挥情况。行业协会要配合政府主管部门，利用检查提高监理履职能力和水平，进一步促进监理作用的发挥。

改革和发展，是监理行业当前不容回避的现实。提高监理企业管理信息化水平，加快监理服务标准化建设，提升人员综合素质，增加监理科技含量，创建企业核心竞争力，推进诚信体系建设，是监理行业发展永恒的主题。无论建筑业管理制度如何改革，企业有较好的信誉，有高素质的专业团队，有优质工程监理或项目管理业绩，一定会在市场经济环境中发展、壮大。从经营策略上讲，各监理企业要塑造本企业的品牌，利用好人才和技术优势，开展以监理为基础的多元化服务。随着社会发展，对建筑质量要求会不断提高，对专业技术要求也会不断提高。因此，中小型监理企业要在做专做精上下功夫，创造自己的品牌。可根据本企业的专长，向阶段性项目管理方向发展。有条件的大中型监理企业可开展全过程一体化项目管理服务。同时瞄准国际市场，服务"一带一路"建设，力争把监理和项目管理推向世界。

祝大家工作顺利，身体健康！

稳步推进监理工作标准化 提升监理人员履职能力

北京市建设监理协会 李伟

实行标准化是提高监理人员素质、提升监理人员履职能力的有效途径。近几年来，北京市建设监理协会在推动监理工作标准化方面进行了一些尝试，很高兴有机会向各位理事、各位领导进行汇报，请多多批评指教。

一、标准化是大的系统工程

标准化不是新的概念，但十八届五中全会提出"团体标准"的概念是我国标准化发展史上的创新。2015年3月，国务院发布《深化标准化改革工作方案》，今年上半年，住建部办公厅发布《培育和发展团体标准的意见》，在目前及可预期的将来，团体标准是一种制度安排，同时也是一种科学的方法。团体标准基本相当于国外的自愿性标准，多数发达国家采用的是自愿性标准体系为主，与国家管理结合的标准化运行体制。在我国现阶段，我们会有一个以国标精简并侧重于强制性标准、团体标准迅速发展为特征的过渡时期。

广义上监理行业不止包括监理人员、监理企业和行业协会，也包括与监理工作相关的政府管理部门。过渡期内，政府规章，监理相关的国标、行标、地标，与监理行业团体标准并没有特别清晰严格的界限，团体标准是企业标准的集萃，团体标准的精华也可能被吸收进政府规章。目前中国建设监理协会正在组织制定监理行业团体标准的顶层设计，我们寄希望于该顶层设计能够厘清各类标准，制定出合理的监理行业团体标准体系架构。

北京市建设监理协会自创建起，起点就比较高。我们的创始人，第一届第二届会长蔡金墀当时是北京市建委委员，在北京建筑行业有较高声誉和较大影响，为北京监理协会在建筑技术方面的工作奠定了良好的基础。协会今年内完成的《（北京市）建筑工程施工组织设计规程》《（北京市）建筑工程资料管理规程》和《（北京市）建设工程监理规程》等，都是直接服务于北京市城市建设行业的重要技术管理标准；本协会常务副会长张元勃参与了国标《建筑工程统一验收标准》等多部国标、行标的编制工作。我们认为，监理行业的团体标准，应该能够与工程建设技术标准和管理标准相协调，不能自说自话，要能够在现场实际管理工作中具备可操作性。

二、监理资料管理标准化

受北京市住建委委托，北京市监理协会从2014年开始，组织十余家监理单位对于本市监理资料情况进行调研，通过协会14个协作组给监理单位发放调查问卷，对于"发现的问题""存在的困难"和"建议"等进行归类分析，写出了详尽的调研报告，并在市住建委立题，进行专门研究，编写了《工程监理资料管理标准化指南》（房屋建筑工程）。该指南把监理工作相关资料按照形成和属性进行分类，分为：编制类资料、签发类资料、审批类资料、验收类资料、记录类资料、台账类资料和其他共七大类资料，分类编写相关要求、编制依据、主要内容、编制说明、基本格式，并分类编写了范例。

研究过程中，我们又发现市政公用工程在监理资料管理方面与房屋建筑工程差别较大，于是2015年我们又向市住建委申请课题研究，开始市政公用工程监理资料管理标准化课题的研究工作。现在，该课题已经通过市住建委组织的专家论证，评价很高。该课题研究有八个方面的创新点，例如，结合监理单位资质标准分类、北京市现行的《市政基础设施工程资料管理规程》等相关规定，对市政公用工程进行了合理分类，增加了城市轨道交通工程、综合管廊工程等工程类别；再比如，分部分项工程划分在《建筑工程质量统一验收标准》（GB 50300）中有原则规定，但更多的是房屋建筑工程的内容，我们用21页篇幅分13个工程类别给出了建议的市政公用工程的分部分项工程划分表，使监理人员在审定施工单位分部分项工程划分时有章可循，这在国内是第一次。

监理工作标准化之所以从监理资料开始，是因为监理资料重要、混乱、急需规范化；另外还有一个原因是监理资料相对直观、单一、易行，成果转化快。从现场工作检查中发现的问题，经过论证研究，成果能够用于直接解决现场工作中的问题。应该说通过研究成果转化，监理资料的水平可以通过宣贯、培训、检查得以较大幅度的提升。下一步我们要根据中监协的顶层设计，按团体标准体系的要求细化该标准，并制定资料员岗位考核标准，将资料员分为四级，分别进行岗位评价描述、培训和考核，通过提高监理资料管理水平促进监理工作水平的提高。我们还准备由北京市住建委以政府文件的形式发布该团体标准，以提升其效力和执行力。

通过课题研究，参与单位的主要技术骨干深入思考、研究问题，学到了东西，课题研究过程本身成了学习提高的过程。为监理单位的业务学习、内部培训锻炼了师资。参与人员纷纷表示，会更加积极地参与协会今后其他课题的研究工作。

三、下一步标准化及相关工作

1. 北京市监理协会2017年理论研究相关工作计划纲要指出，要"以标准化为抓手，以提高监理履职能力为目标，加强行业自律管理，充分发挥监理作用"。

研究材料设备构配件进场验收工作制度，分类制定标准化工作程序。材料设备构配件质量是施工质量控制的第一关，随着建筑行业结构调整的加快，产能过剩的矛盾造成材料、设备、半成品、构备件等生产领域恶性竞争严重。为避免假冒伪劣产品进入施工阶段，必须从报验验收环节严格把关，分类制定标准化工作程序，在全市监理企业推广，并落实到涉及材料供应商和施工单位等相关单位的管理工作中，使材料进场验收更科学严谨。该课题已通过市住建委2017年课题立项。

2. 研究监理安全责任边界，分类制定标准化工作方法

监理承担法律法规规定的安全管理职责已经不存在争议，问题在于监理应如何切实履行职责，并如何做到履职免责。安全管理工作易于实现标准化，在现有的安全管理标准化工作方法的基础上，从监理的角度出发，分类制定监理的履职标准，例如，对于深基坑施工，监理人员履行标准，就能够避免安全事故的发生，监理的作用就能够得以发挥。以此类推，可以分别制定高支模和其他危险性较大工程的标准化工作方法以及监理安全管理的标准化工作程序，进而真正发挥监理作用。

3. 推行落实监理资料管理标准化工作

今年上半年已完成的《监理资料管理标准化工作指南》（房建工程）和《监理资料管理标准化工作指南》（市政公用工程）都要进行宣贯和落实。同时要由市住建委出台相应文件，要求相关单位推广使用、贯彻执行该两项标准化指南。监理工作标准化从监理资料抓起，具有针对性和可操作性，能够较快起到规范监理工作的作用。

4. 推进监理行业自律示范工程

市监理协会常务理事会通过了关于"北京市监理行业自律示范项目"申报的决议，征求住建委意见，正式开始该项工作。申报条件有四条，分别是按规定取费；总监理工程师及主要监理人员到位，

并胜任相应岗位工作；监理履职情况良好，能够充分发挥监理作用；监理工作有创新。

"北京市监理行业自律示范项目"采取每季度申报，专家评审的方式，2016年底第一批申报截止，2017年将产生第一批"北京市监理行业自律示范项目入围名录"，入围"北京市监理行业自律示范项目入围名录"的，监理单位可以申报"北京市监理行业自律示范项目"，并应提前制定报审计划申请中间评审，中间评审每年不少于一次，每项目不少于两次。

通过评选"北京市监理行业自律示范项目"的办法，树立样板，鼓励相互学习交流，好的做法和创新会很快得到学习借鉴，促进监理人员素质提高和履职水平的提高。

5. 开展第三方分户验收抽查

分户验收是提高住宅工程客户满意度的有效手段，由建设单位、施工单位和监理单位一起，在交房之前从业主使用的角度检查每一处细节的质量，做到心中有数，是可以做到和应该做到的。但是，目前分户验收由于各种原因导致基本流于形式，没有起到应有的作用。在2014年住建委京建法20号文中，实行驻厂监理的合同中，已经明确规定了驻厂监理费用包括了对于保障房项目结构阶段分户验收抽查的费用，目的是督促项目三方把分户验收做实，保证保障性安居工程结构工程质量不出问题。市监理协会已组织十家驻厂监理单位编制完成培训教材，拟开展人员结构工程分户验收专项培训，培训内容包括：结构工程质量与分户验收概论、回弹法检测混凝土工程质量、现场实测实量方法、结构观感质量验收等内容。培训完成后，拟抽调合格人员对已实行驻厂监理并完成结构施工的保障性住房项目进行分户验收抽查，并在此基础上，总结经验，以利于更大范围推广。

6. 监理工作履职情况抽查

北京市监理协会和监理单位与政府监管部门一直保持着良性互动状态，由市住建委主持，工程质量监督站执法人员与监理行业专家组成若干检查组，每年至少两次对于全市的项目监理工作进行抽查。检查组的检查包括监理市场行为、监理资料、监理履职等方面，发现问题的，依据法律法规和《北京市监理履职行为管理办法》的规定，对于监理单位、总监理工程师或其他责任人给予相应的记分等处罚，并将扣分和奖励记分记入《监理单位诚信管理平台》。

我们认为，在目前建筑市场调整的背景下，过去那种粗放的监理工作模式需要调整，必须把工作做细，在充分发挥监理作用上下功夫。调整必然带来冲击，加强管理可能带来不适应，但大企业应主动适应变化，不能惧怕监管，抵触监管。加强管理有利于优胜劣汰，有利于监理行业长远发展。

以上是北京市在开展监理工作标准化研究、促进监理行业健康发展方面所做的工作和近期计划。我们认为，标准化是一项长期、复杂、需要付出艰苦努力才能达到预期效果的工作，是需要全国监理行业同仁共同努力的工作，北京市建设监理协会愿意在中国监理协会理事会的领导下，与兄弟协会一起，共同学习交流，共同促进行业发展，为我国的工程建设事业作出应有的贡献。

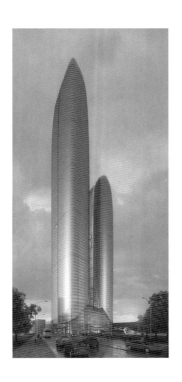

安徽省建设监理协会近期工作情况介绍

安徽省建设监理协会　陈磊

近年来,安徽省建设监理协会在服务会员单位,研究监理行业改革与发展,加强监理行业信用体系建设,规范行业行为,引导企业公平竞争,促进监理企业创新发展等方面开展了一些具体的工作。下面我就安徽省建设监理协会近期发展个人会员的有关工作情况作简要汇报。

个人会员制度是现行较为普遍的制度。在国外,从事有关行业,必须经过所在行业协会的认可,成为其个人会员后,方能独立地从事相应工作。在我国,会计师、律师、医师等职业开展个人会员制已相对成熟。而在建设相关行业开展个人会员制尚在起步阶段。监理行业开展个人会员制虽然起步较晚,但从目前国家的有关政策引导、行业发展趋势来看,实行个人会员制符合发展的要求。

安徽省建设监理协会在2015年上半年即开始研究实行个人会员制度,经四届二次会员大会审议,已于2016年1月29日正式通过。年初,结合中国建设监理协会开展的个人会员制,协会发展个人会员的工作全面展开。协会个人会员采取分级管理的办法,注册监理工程师自愿加入后,同时由单位推荐注册监理工程师数量的1/3申请加入中国建设监理协会个人会员;非注册类的监理工程师可自愿加入我会,成为个人会员;监理员自愿或为各市监理协会(分)会的个人会员。

目前,协会注册类的个人会员超过2500人,非注册类的个人会员为3084人。注册类的个人会员已免费开通了继续教育;非注册类的个人会员结合前期开展的建设工程监理人员从业水平能力认定,提升其从业水平和能力。

建设监理协会开展个人会员制存在以下几点优势。

一、与国家重个人、轻资质的发展方向吻合

《关于进一步推进工程监理行业改革发展的指导意见(征求意见稿)》等有关文件均明确指出充分发挥行业协会作用,研究建立个人会员制。目前趋势来看,国家对企业资质登记的要求将会进一步放宽,而对于个人执业的水平将提出要求。个人会员制的建立,对未来开展个人执业奠定了基础。

二、规范行业管理,加强行业信用体系建设

作为行业协会,开展会员制度应涵盖单位及个人。以往开展行业自律,通常只对企业经营行为进行

奖惩，覆盖面较窄，对于个人的奖励及惩戒力度有限。开展个人会员制后，将从业个人也纳入到行业信用体系建设中，对于规范从业行为和行业管理，提高监理队伍归属感、监理行业凝聚力具有重要意义。

针对个人会员开展多种形式的表彰和表扬活动，树立榜样，带动全行业学习的氛围。协会优化了表扬办法，除扩大对优秀项目总监理工程师的表扬范围外，还增加了对总监理工程师代表、专业监理工程师的表扬面。协会计划采取原则性和灵活性相结合的形式，如颁发嘉奖令、表扬信等，随时开展表扬活动。

三、加强人才队伍建设，提升从业人员执业素质

通过对注册监理工程师个人会员的继续教育和培训，及时宣贯国家最新的政策法规和技术规范标准，努力提高在岗总监在项目实际管理中的执业能力和从业水平。同时，鼓励优秀的监理从业人员积极报考注册监理工程师考试并在考试前聘请专家对参考人员进行专门培训。

作为建筑业改革试点省份，安徽是最早一批停止非注册类监理工程师培训和考试工作的省份之一。这从客观上导致了安徽省监理从业人员奇缺，加剧了建设工程项目数量与监理人员队伍不匹配的矛盾，制约了安徽省监理行业发展。在省主建厅有关处室指导和深入调研的基础上，协会制定了《安徽省建设工程监理人员从业能力水平认定暂行办法》。依托《办法》，协会坚持不指定培训机构、不收取考试费用的原则，开展安徽省建设工程监理人员从业水平能力考试。通过考试，以考促培，鼓励监理企业组织好本单位监理人员的自学和培训工作，切实提高一线监理人员在现场的执业能力和水平。协会已分别于2015年9月19日、11月8日和2016年1月17日、3月19日开展了四批次的从业水平能力考试，共安排考试人员6224人。

四、发挥协会作用，焕发新活力

目前，行业协会、商会与行政机关脱钩试点工作正在开展。行业协会如何在脱钩后继续独立、高效地开展工作，将是我们研究与发展的方向。协会开展个人会员制后，通过开展从业水平能力提升工程、评选表扬等工作，将赢得行业内从业人员的认可。行业从业人员自觉拥护协会，自觉规范执业行为，在全行业形成一种积极向上的氛围。行业团结奋进、健康向上的风气在社会上形成了良好的口碑，反过来对监理行业、从业人员又是一种激励，也促使他们对协会更加认可。这样，形成一种良性循环，使得协会乃至整个监理行业焕发新的生命力。

2016年是"十三五规划"的开局之年，安徽省建设监理协会有信心在中国建设监理协会的指导和引领下，继续做好政府的参谋，企业的排头兵，为监理行业发展"添砖加瓦"。

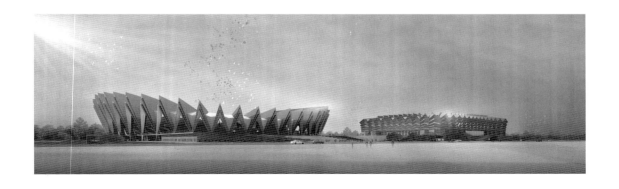

基于"行业自律管理+互联网"新模式的创新与实践

重庆市建设监理协会　史红

2015年,"互联网+"这个名词正式出现在政府工作报告中,预示着"互联网+"时代的到来。作为行业协会应该如何运用互联网技术加强行业自律管理,规范项目监理机构的履职行为,提高监理人员工作责任心,提升监理服务水平,维护建设工程的质量与安全,促进行业可持续发展,是行业协会应该思考和有为之事。下面就重庆市建设监理协会自2014年以来在探索、建立"行业自律管理+互联网"新模式方面获得的一些体会和取得的一点成果作个交流,希望能与全行业共同分享,共谋发展。

一、行业自律的目的和意义

行业自律能够促进从业人员的职业自律精神,是市场经济体制的必然产物,促使行业遵守和贯彻国家法律、法规政策,是对行业自身行为的自我监督和制约。实行行业自律就是为了规范行业行为,维护行业内的公平竞争和正当利益,避免恶性竞争,建立健康有序的市场环境,有效推动行业持续健康发展,只有认真做好行业自律工作,行业才能得以在竞争激烈的市场中生存下去。

二、实行行业自律的必要性

自1988年试行建设监理制度以来,监理行业恰逢我国大规模的经济建设,得到了很大发展,三十多年来为我国的经济建设作出了巨大的贡献。当然,我们也清醒地认识到,整个行业在发展过程中,还存在着不少问题:长期以来,对行业的定位不明确,导致行业缺乏履职行为(服务)标准、缺乏诚信(信用)评价体系和行业自律标准,从业人员的信息体系也不健全;监理企业的内部管理中,存在着管理手段落后、管理成本高、管理能力低的问题,企业的人才培养机制也不健全、人才匮乏、技术水平不高;市场竞争环境恶劣,企业为承揽业务,往往采用低价竞争取得监理项目,又通过减少人员配置,降低服务质量来保证微薄利润,因此就造成总监到位率低、人员配备不足、履职服务水平较差,履约能力不强,对施工质量安全管理可控性差;从业人员的整体素质也不高,执业能力偏低,人员流动性较大,人才流失严重,同时还存在职业道德、诚信的缺失等问题。这些问题不解决,将会严重影响整个行业的发展,甚至会影响到行业的生存问题。在市场经济环境中,行业协会通过自律实现对经济秩序的自我调控,行业自律包含着对行业内成员的监督和保护的机能,实行行业自律,能有效地解决上述行业存在的问题,建立规范的市场竞争机制,使行业得以理性健康的发展。

三、重庆市监理行业自律情况

2003年,重庆市建设监理协会与会员单位签订了行业自律公约并成立自律委员会。2010年开始开展对项目监理机构进行自律检查工作,这也是行业自律的主要工作之一。当时,对项目监理机构的自律检查主要是依靠从会员单位中抽调部分专家配合开展,采用由会员单位自查并报送自查项目名单，协会在报送的项目名单中抽取部分项目集中检查的方式进行自律检查，并将检查结果不合格的项目名单报送主管部门进行差别化管理。这样的自律检查工作效率低，受检项目覆盖面极窄。2013年，为改进自律工作方式，协会重新修订了《自律公约》，制定实施办法，建立并扩充专家库，成立专家小组，制定自律检查计划，开始尝试采用随机抽查（不提前通知企业，直接到项目）的常态化检查方式开展自律检查工作；在不影响项目监理机构日常工作的情况下每周定期抽查，并向不合格的项目监理机构及所属企业发出整改通知，每季度通报抽查情况，同时将检查结果公布在协会网站上，以督促企业和项目监理机构加强自律管理、提升工作质量。至此，企业开始关注网站上公布的自律检查结果，并主动加强对项目监理机构的监督管理，对项目监理机构规范履职行为和提升服务能力有了一定的促进作用。通过一年的尝试，虽然得到了会员单位的认同，但这样的检查覆盖面还是很小，这样的检查每年最多不超过 60 个项目，根据 2013~2016 年重庆在建监理项目的统计，自律检查的项目数仅占重庆在建监理项目的 0.55% 左右，行业自律工作仍然没有明显效果。因此，协会必须改变既有的自律检查模式，应充分利用"互联网+"时代带来的互联网技术优势探寻先进科学的管理手段，建立适应市场发展需求的行业自律管理模式，提高工作效率，提升服务能力和服务水平，真正有效地发挥和体现行业自律的作用和价值。

四、运用"行业自律管理＋互联网"是改革发展的必然趋势

2014 年，国务院（2014-2020 年）《社会信用体系建设规划纲要》和住建部建管司《住房城乡建设部建筑市场监管司 2014 年工作要点》中分别提出要建立科学、有效的建设领域从业人员信用评价机制和失信责任追溯制度，探索建立建筑市场行为信用评价机制，推进诚信奖惩机制的建立。

2016 年，住建部《住房城乡建设事业"十三五"规划纲要》《2016-2020 年建筑业信息化发展纲要的通知》分别指出："进一步发挥工程监理在保障工程质量中的作用，大力提高监理单位现场服务的标准化、信息化、规范化水平，扎实做好施工阶段监理。"和"加强信息技术在工程质量安全管理中的应用，建立完善工程项目质量监管信息系统，对工程实体质量和工程建设、勘察、设计、施工、监理和质量检测单位的质量行为监管信息进行采集，实现工程竣工验收备案，建筑工程五方责任主体项目负责人等信息共享，保障数据可追溯，提高工程质量监管水平。"

从这些政策导向可以看出，运用互联网技术建立健全建筑市场诚信评价体系，加强建设项目在线监管即事中事后监管与服务，建立政府、行业与企业网络安全信息有序共享机制，是国家信息化发展的战略目标。工程建设监理行业必须改变传统落后的管理模式，加强企业诚信自律管理，提升监理工作服务质量，才能进一步维护建设工程质量安全，不仅我们的企业需要改革创新，我们行业协会也需要改革创新。改变我们的观念和服务方式，以适应当前国家改革发展的趋势，更好地引导市场行为，营造健康有序的市场竞争环境，促进行业可持续发展。

五、"行业自律信息共享平台"的作用及主要功能

2014 年底，重庆市建设监理协会与深圳大尚网络技术有限公司开始共同研发"行业自律信息共享平台"（暂定名，以下简称"自律平台"），并于 2016 年 7 月取得阶段性成果。

1. 建立"自律平台"的作用

1）建立从业人员执业信息体系，规范从业人员执业行为，形成从业人员诚信（信用）评价及企业择人、用人的有效数据信息平台。

2）打破管理边界，消除行业壁垒，填补行业自律及诚信（信用）评价死角，为行业监管和建立社会信用评价体系提供有效数据支撑。

3）增强企业和从业人员诚信自律意识，规范履约履职行为，提高全行业服务能力和水平。

4）助力建设工程项目施工阶段监理工作规范化、标准化的建设进程。

2."自律平台"的定义

1）真实有效的大数据。

2）实时智能分析。

3）行业自律动态管理平台。

3."自律平台"的实现方案

1）企业本部及现场项目监理机构 PC 端——建设工程项目协同管理平台"智慧工程"

功能：提供建设工程项目全过程管理信息数据支撑，包括企业数据、项目管理数据、从业人员数据。

2）手机移动 APP——"博站"

功能：移动云检、在线评价、工作交流、基础数据采集。

3）行业自律动态管理平台

功能：在线项目检查、执业信息实时记录、项目现场从业人员自律动态管理。

4."自律平台"的数据来源

1）企业端（PC）——工程项目互联网管理系统（智慧工程）。

2）协会端（APP）——项目现场移动云检（博站）。

3）政府平台——政府相关部门开放的权威数据。

4）互联网——社会评价、企业评价、精准过滤供参考选用。

5."自律平台"的创新性及特点

1）指标设置——灵活自定义、可增、可减、可修改。

2）权限管理——智能多维、确保信息安全。

3）核心数据——采集多样、智能便捷、可查可追溯。

4）测评分析——系统模型、架构可扩展。

5）资源共享——跨区域、无边界联动互通、实时更新。

六、"自律平台"的应用与展望

经过一年多的项目落地研发和试点运行，2016 年 8 月 30 日，重庆市建设监理协会组织召开了"自律平台"阶段性成果评审会，由中国建设监理协会及京、津、沪、渝、琼、宁等六个省市自

2016年8月30日通过阶段性成果评审

建设监理行业自律平台评审专家名单

姓名	单位	职务、职称	备注
修璐	中国建设监理协会	副会长/秘书长	
王学军	中国建设监理协会	副会长	
商科	陕西建设监理协会	会长	中监协副会长
李伟	北京市建设监理协会	会长	
周崇浩	天津市建设监理协会	会长	
龚花强	上海市建设工程行业咨询协会	副会长/教高	
马俊发	海南省建设监理协会	副会长	
龚敏	宁夏建筑业联合会	副会长	
付晓华	重庆市建设工程质量监督总站	副站长	
贺渝	重庆渝北区建设工程质量监督站	站长	
陈山冰	重庆建筑科学研究院	高级工程师	

治区建设监理行业和重庆市建设工程质量监督部门共十一位专家组成的专家组对"自律平台"进行了阶段性成果评审验收，专家们一致认为："'自律平台'的研究方向定位准确，基础研究工作扎实。数据采集方式、评价模式及数据组织统计形式属行业创新，其研发水平达到国内领先。'自律平台'的推广应用可以提升监理协会行业管理工作效率和社会效益，为未来诚信体系的建设提供了客观的数据支撑，奠定了客观、科学、智能的行业评价体系基础。在进一步深化和完善后，推荐在全国监理行业推广应用。"目前"自律平台"已经具备上线应用条件，将于2016年12月发布上线，2017年开始正式运行。

　　加强企业和从业人员的自律意识，提升行业整体素质，提高服务质量，充分发挥行业自律的有效作用，促进行业健康有序发展是行业协会的责任和义务，运用"互联网+"的先进技术建立一个统一良好的行业自律环境，还要靠全行业行动起来，为此希望更多的省市协会能加入进来，共同维护和营造良好的市场氛围，让我们携手并进，努力为行业发展作出更多贡献，如此，我们行业的明天将会更好！

监理行业规范前行
——武汉地区建设工程监理履职工作标准研究汇报

武汉建设监理协会　汪成庆

> **摘　要**：为规范监理行为，强化监理履职尽责，助推武汉建设监理行业健康可持续发展，武汉建设监理协会近一年多来积极开展本地区监理履职工作标准研究，目前已取得了阶段性成果。现就该课题研究的意义与历程、结构与特色、应用与推广、完善与提升等展开探讨，希望能对行业同行开展履职工作标准研究有所裨益。
>
> **关键词**：监理行业　履职标准　规范行为　约束保护

我国工程监理事业从试点起步到走向成熟已近三十年，在它的发展历程中，最为直接的影响是改变了我国工程项目建设的二元结构，改变了计划经济时代传统的指挥部模式，充分发挥了"专业人做专业事"的效能。推行工程监理制度的阶段正值我国大建设、大发展的时期，工程监理制度为国家经济社会发展作出了历史性的重大贡献，同时这一建设过程又需要较强的专业监管力量，二者各取所需，实现协同发展。

然而，这项制度在逐步走向成熟的各个历史阶段，其规范作业行为的工作标准又相对滞后，尤其是在国家出台了《建设工程监理规范》之后，各地没有及时结合地方特色和要求研究发布本地区更加细化的地方或团体监理工作标准，监理工作长期处在边界不清、责任不明、权益受损的被动局面。为了切实解决此类问题，有效提高监理履职尽责的能力水平，为工程建设提供更有价值的监理服务，武汉建设监理协会决定研究出台自己的工作标准——《武汉地区建设工程监理履职工作标准》（以下简称《标准》），用以全面指导本地区工程监理工作，规范工程监理人员的执业行为，并作为监理价格全面放开后本地区监理收费"明码标价"的计费依据之一。由于时间紧加之标准研究团队水平有限，该《标准》难免有诸多不尽完善之处，有待在今后的工作实践中不断修订完善，使之成为本地区监理工作中的一本"有法可依"的好《标准》。下面从五个方面介绍《标准》的研定情况，还请全国同行予以批评指正。

一、意义与历程

根据监理行业形势发展的要求，结合监理工作长期存在的被动和被歧视地位（监理是个筐，什么都往里面装），监理人员始终处于如履薄冰的工作状态，对工作的深度和宽度因不同的业主、不同的项目、不同的时间都会发生不同的改变，于是乎辛辛苦苦所做的工作不能令业主、政府、社会满意，就连自己也因各种不满意的评价产生自我怀疑，监理人员心中无底、自信受挫、工作缺少动力，给行业发展带来了严重隐患。为了切实扭转本地区行业存在的此类问题，划清监理工作边界，强化履职行为，有效保护自己，助推行业规范发展，协会于2015年3月明确提出了开展《标准》课题研究，并积极做好相关准备工作。

2015年5月，协会通过与市城建委多次沟通，完成了《标准》课题的申报立项工作，并获得经费支持。6月16日，协会正式组建了课题研究团队——由12位长期工作在监理行业一线、具有丰富专业知识、熟悉本地区监理工作实际情况和有关标准规范的专家共同组成。

此后，各位专家对《标准》开展了认真细致的调查研究，先后召开了九次研讨会并广泛征求业内外意见。2016年春节前夕，邀请知名学者对研究完成的《标准》初稿内容进行了详细内审，后经多次修改完善，2016年3月，《标准》初样编辑完成。两个月后，《标准》终于付梓印刷，并在5月31日召开的协会第五届一次会员大会上进行了发放。

二、结构与特色

（一）《标准》的结构

该《标准》依据《建设工程监理规范》GB/T 50319-2013和有关法规及建筑行业规范，结合湖北省、武汉市的地方政策和行业地区实际情况进行编制。

《标准》结合近年来国家全面深化改革和行业制度要求，专家团队把《标准》分成了两个大的层次结构，即第一部分（第1~4章）企业层面的监理基础工作标准和第二部分（第5~9章）项目监理机构的监理工作标准。第一部分是站在行业层面对企业提出了硬条件和硬要求，内容涵盖监理人才的教育、管理、考核和费用计取等相关内容。提出了监理企业的经营行为与市场行为规则，保证了企业的效益和行业的整体利益。除此之外，列明了项目监理机构根据项目特点、规模和投资分阶段配备人员的指导参数。第二部分主要依据《建设工程监理规范》的相关内容对项目监理机构提出了质量、进度、造价、安全和信息相关内容的标准，同时又结合武汉实际和行业发展要求提出了本地区监理工作新的标准作为补充，进一步完善了《建设工程监理规范》的相关内容，让该规范能在武汉更好地落地。

（二）《标准》的特点

特点之一：《标准》具有鲜明的地方性。该《标准》全面贯彻了《市城建委印发关于进一步加强建设工程监理管理若干规定的通知》（武城建规〔2016〕4号文）的精神，突出了监理工作的检查考核以及评价工作，列入了地方性管理的图表，既促进监理工作履职尽责，又有力指导了监理企业和从业人员执业行为，为有效地发挥监理作用提供了强有力的政策支持。

特点之二：《标准》具有强烈的针对性。该《标准》的编制结合当前监理工作实际和监理人员的普遍素质，在内容编排、重点工作、薄弱环节、责任意识等方面有针对性地进行了安排。结合武汉建设监理协会自编的25张监理表格内容，引导项目监理机构有针对性地开展工作。既把握住了建设单位和社会的关注焦点，又帮助了项目监理机构有序开展工作，把监理工作的重点、难点与监理人员的基本状况进行了有效统一，使监理工作的针对性更强，更加符合本地区当前的监理工作实际。

特点之三：《标准》具有较好的保护性。当前，全行业最苦恼的是安全生产中的监理履职尽责。如何既能有效履行安全生产过程中的监理职责，又能较好地保护自己，这既是一个行业问题，更是一个社会问题。本《标准》除对监理机构中安全监理人员的配备数量、素质提出要求外，在监理报告制度中增加了"月度安全监理工作情况以监理工作月报形式向本单位、建设单位和安全监督部门报告"。这一"报告"必将引起建设单位和监督部门的注意，令项目建设过程中的安全防控实现各方齐抓共管，较好地摆脱了"有事报告"得罪各方的困扰。《标准》还对《安全监理实施细则》的编写内容和深度作出了具体规定。《标准》对危大工程和超过一定规模的危险性较大工程（专家论证）进行了列表说明，对"项目监理机构安全管理体系记录"、"施工单位现场安全管理体系审查记录"都以列表形式提醒项目监理机构逐项检查到位、记录在案，这些基础性工作如能扎实开展，在一定程度上可以保护监理企业和从业人员。

特点之四：《标准》具有提高性。该《标准》作为武汉地方监理行业团体标准，本应高于国家规范。因此，协会从《标准》课题研究的第一天起就确定了这项原则，让《标准》的约束性更强，监理服务的深度更到位。例如：在工程质量控制的章节里列出了"施工监理的前期准备工作"，为了搞好工程质量预控工作，特别要求项目总监理工程师组织项目监理人员深入现场"熟悉施工图，分析项目施工重点、监理难点"，并对熟悉施工图提出了七项具体指标，同时要求提出建议，有效革除了传统意义上图纸会审流于形式的弊端。

特点之五：《标准》具有从严性。例如：《建设工程监理规范》对见证取样仅要求对"涉及结构安全的试块、试件及工程材料现场取样、封样、送检工作的监督活动"。《标准》不仅需要对"涉及结构安全的试块、试样及工程材料"，还要求对非此类试块、试件及工程材料进行见证取样，如防水、保温等材料均作了这一要求，从范围到要求上予以拓宽，从实施见证方法上要求现场按规定随机抽取，并对封样、送检作出了更详细、更严格的要求，同时要求项目监理机构对施工单位提出的见证取样计划进行审批，对见证取样的材料、构配件及工程试件分别建立台账，随时掌握检测结果的动态，发现异常应及时向建设单位报告，并通报施工单位，使项目监理机构做到心中有数，早做准备。

特点之六：《标准》具有合规性。例如，为了落实住建部工程质量治理两年行动，《标准》结合总监的"六项规定"和"二书一牌"，将相关文件要求贯穿在《标准》之中，使《标准》更有效、更合规。

特点之七：《标准》具有创新性。其创新性主要体现在第一部分，而这一部分又是现场监理工作的支撑。这些方面的工作若不对企业提出具体工作标准，现场监理工作很难落地，监理考核也难以实现。因此，本《标准》在内容上比较完整，使监理单位对企业应做什么、项目监理机构应做什么一目了然，让企业与项目部之间形成有效互动，互相促进，从而全面提高监理工作的服务水平。

特点之八：《标准》具有延展性。本《标准》在编制过程中结合武汉地区工程监理行业"四大课题"研究，针对协会正在推进的项目监理部单机版监理软件运行落地和诚信自律平台建设，可以将项目检查考核的结果以手机APP等方式予以快速上传，强化了《标准》应用便利性，提高了监理工作效率，规范了项目监理机构行为，展示了监理人的时代形象。

三、应用与推广

《标准》对现场工作的指导作用正逐步呈现，让项目监理机构在企业的全面指导监督和支持协调下开展工作，发挥团队优势，不至于使项目监理机构成为孤立无援的作业者。下面，仅以两个事例简单说明。

行业标准被作为企业标准予以运用。《标准》中将《武汉地区项目监理机构工作质量评定办法》写入其中，该《评定办法》的考评方式分为项目部自查自评、企业抽查和协会巡查三种方式。多年来，协会在日常、年度评比考核中均采用此办法。目前，武汉市近60%的监理企业已将此《标准》作为企业标准，来衡量和考核项目机构的监理工作。

借力政府，进一步推动现场履职尽责工作。今年12月，协会拟联合市城建委质安处开展全市建设工程监理行业履职尽责检查工作，计划对全市17个城区近2000余个在建工程进行抽查。按照市城建委和行业协会的要求，本次检查工作的重点包括武汉市重大民生项目、不良行为公示项目、低于成本价恶意竞争承揽的项目，我们以《标准》作为衡量企业和项目部履职尽责的标尺，树标杆、抓典型，将本次检查结果作为企业、个人的信用记录，建立行业诚信档案机制，不断完善行业自律诚信体系评价内容。对于现场无管控、监理工作不履职的"签章监理"动真格，并将检查结果抄报省、市建设行政主管部门、交易中心和业主单位，将政府监管、行业检查和社会监督的三方联动机制发挥好，推动监理有效作为、履职尽责。

四、完善与提升

在当前形势下，我们应依托工业化、标准化、信息化（以下简称"三化"）融合机制，探索监理行业发展新模式。

伴随着工业化进程的脚步越来越近，"驻厂监造"将是监理行业应业主需求的必然产物。在工业化建设中运用信息化手段，建立好流程和标准、岗位的关联关系，实现基于流程的协同和动态的管理，促进《标准》落地，才能实现行业的可持续发展。同时，随着"三化"融合的广泛而深入发展，每一位监理从业者都要锻造好自身的专业能力，除全面熟悉各类标准、掌握好每一项新技术的应用及发展趋势外，作为《标准》自身也应随着"三化"的推进逐步更新、补充、调整、完善，做到与时俱进，适应发展。

五、总结与展望

习近平总书记指出："标准决定质量，有什么样的标准就有什么样的质量，只有高标准才有高质量。"总书记的这一重要指示给我国各级政府、各类社会团体、社会组织在出台标准和规范上提出了明确的要求。

站在国家正在推行的供给侧结构性改革的角度看，要提供人们日益增长且对产品品质需求越来越高的物质产品和服务价值，必须从抓产品和服务的质量本身抓起，而产品和服务内在质量高低又由其标准所确定。因而，从源头上推进供给侧结构性改革关于产品和服务的定位问题，首要是要建立一个与时俱进、行业领先、科学合理的行业、团体、企业标准。

协会在标准建设这一历史进程中，抢抓国家政策机遇，顺应行业发展期待，及时提出并研究出台了我们自己的《标准》。相信这一标准研究和实施的进程正是武汉建设监理人在建设监理道路上不断探索和进步的过程，必将有力推动本地区工程监理工作质量和水平的提高，助推武汉建设监理行业的规范发展。协会也将借此次《标准》的出台不断总结经验，为《标准》在现代信息技术、建筑工业化和不断兴起的工程建设行业新经济的发展上做好对接工作。与此同时，为了提升此团体标准的法规性地位，我们正在组织申报此《标准》为武汉市地方性标准，进一步提升其地位，使之更具有约束力和保护性，适应不断变革要求中的工程监理乃至全过程工程项目管理的需要。

我们研定《标准》，就好比用圆规画"圈"，风雨兼程，初心不改。这个"圈"要求所有在本地区从业的监理企业和人员熟练掌握、准确运用。在我看来，《标准》好比是孙悟空的"紧箍咒"，严格依照《标准》执行，师徒取经定可载誉归来，如若冒犯，特别是在发生较大及以上质量安全事故时，各有关方面就是无处不在的观音菩萨，会让失职者尝到"定心真言"的厉害。从另一个角度来说，《标准》还是一道"护身符"，它会在一定程度上对监理企业、从业者形成保护机制，有效抵御外界非正当压力的冲击。行业从业者应将落实《标准》成为习惯，让这一习惯符合《标准》。

没有爬不过去的火焰山，没有渡不过去的太平洋，一剪寒梅怒放自己的生命，不是因为春天，而是因为自身的坚强。什么人最快乐？有信仰的人最快乐，有方向感的人最快乐，知足的人最快乐。我们相信，未来监理行业发展一定会越走越稳健，武汉建设监理人对此充满信心，我们愿殚精竭虑全力付出，我们将永远奔跑在监理事业发展的康庄大道上……

南方电网WHS质量控制标准清蓄工程监理应用与探讨

中国水利水电建设工程咨询中南有限公司　刘生国

> **摘　要：** WHS是强化施工过程质量控制的一种有力手段，是南方电网的工程质量管理创新性举措。将工程质量检查项目设置为见证点W（Witness Point）、停工待检点H（Hold Point）、旁站点S（Standby Point），由监理单位具体实施，以达到提升工程质量水平的目的。本文归纳总结了WHS在清远抽水蓄能电站中的应用及成效，提出了需要进一步完善的地方及建议，可供类似工程监理借鉴。
>
> **关键词：** WHS　质量　控制　清蓄　监理

一、WHS工程质量控制概述

南方电网推行WHS工程质量管理是强化水电工程建设过程质量控制而采取的创新性举措，自2011年3月起，应用于清远抽水蓄能电站工程建设，现已取得显著成效。WHS是工程质量控制的一种有力手段，通过对W、H、S点的质量过程控制，来规范质量过程管理，保证工程建设各阶段、各工序的工程质量达到预期目标，提升工程实体质量水平。监理单位是WHS质量控制点实体质量的监控主体，在施工监理工作过程中，通过旁站、巡视及平行检验等控制方法对施工现场的误差或错误进行纠正和制止，以保证工程质量受控。

清远抽水蓄能电站位于广东省清远市清新区境内，总装机容量1280MW，枢纽工程由上水库、下水库、输水系统、地下厂房洞室群及开关站、永久公路等部分组成。电站按一洞四机、一回出线设计，安装4台可逆式蓄能发电机组，单机容量320MW，最大水头504.5m，额定水头470m，最小水头449.3m。电站主体工程于2009年12月17日开工，2016年8月30日全部建成投产。

1. 质量控制点（W、H、S）定义

见证点W（Witness Point）：在规定的施工关键过程（工序）实施前，项目监理、施工等责任方在约定的时间到现场进行见证检查或进行文件检查的控制点，相关检查方在规定的时间未能到场见证，作业单位可以认为已获认可，可继续进行该项作业。W点侧重于施工过程中的平行检验，及时发现和纠正工程质量问题。

停工待检点H（Hold Point）：针对作业过程中有特殊要求而设置的控制点，项目监理、施工等责任方应在约定的时间到现场对该控制点进行监督检查，未经检查认可不得超越该点作业。但如果检查方不在操作现场，作业方又查明已根据合同规定预先通知了责任方，则作业方在以书面形式正式通知责任方48小时后，可以进行下一道作业。H点侧重于施工过程中的某道工序或检验项目的结果检查，只有检验合格后方能进入下一道工序施工。

旁站点S（Standby Point）：针对工程关键部位和关键工序的质量控制而设置的全过程连续监控点。S点侧重于施工工序或部位的全过程监督，既要关注过程，又要注重其结果。

2. 工程参建各方职责

建设单位：负责审批质量控制标准（WHS）设置表，监督落实质量控制工作，定期开展质量管理检查，定期统计、上报、发布WHS合格率。

监理单位：WHS质量控制点实体

质量的监控主体，负责编制质量控制标准（WHS）设置表，通过平行检验核查工程实体质量，负责WHS检查评价及检查表的填写归档，定期向建设单位统计上报WHS合格率。

施工单位：WHS质量控制点实体质量的责任主体，参与质量控制标准（WHS）设置表审查，负责WHS质量控制点实施，保证工程实体质量。

设计单位和运行单位：参与质量控制标准（WHS）设置表审查和工程质量日常检查。

二、WHS质量控制点设置与实施要求

1. 质量控制点设置原则

1）法律法规、国家或行业规程规范、质量标准中规定必须检查的项目。

2）对工程性能、寿命、安全、可靠性和精度等有严重影响的关键部位和关键工序。

3）对工艺有严格要求。对下道工序的工作有严重影响的关键部位或工序。

4）隐蔽工程。

5）工程建设标准强制性条文中规定的必须检查的项目。

2. 清蓄WHS质量控制点设置

在南方电网《基建工程质量控制标准（WHS）》（抽水蓄能电站部分）中，分专业设置质量控制类型点323个，其中W点153个、H点94个、S点76个，详见表1。

监理部根据该标准和清蓄电站工程实际，筛选确定适用于本工程的WHS质量控制类型点为317个，其中W点152个、H点89个、S点76个，即剔除了W050座环现场机加工、H006疏浚工程、H009钢支撑支护、H020钻孔灌注桩、H022碾压混凝土、H023沥青混凝土等6个类型点。根据清蓄工程施工标段划分及进度形象和工程验评项目划分情况，确定机组及其附属设备安装工程和电气试验及机组调试工程的抽检比例为100%，其他专业工程的抽检比例为30%，共设置6256个WHS质量控制点，详见表2。

3. WHS实施要求

工程各参建单位应按照国家、行业和南方电网的有关质量标准和管理规定，履行质量管理职责，确保工程质量。WHS旨在强化监理单位对工程实体质量的监控和平行检验，由监理单位负责落实，不替代设计、施工等单位的质量保证体系。

1）开工前，由监理项目部分专业编制该项目的WHS质量控制点设置表，报业主项目部审批。

（1）监理项目部应根据WHS质量控制标准和工程实际，筛选确定适用于本工程的WHS质量控制点，并可根据现场需要适当增设。

（2）当施工过程中发生工程变更，引起质量控制点变化时，应通过流程重新审批，修订WHS质量控制点设置表。

（3）监理项目部应配置WHS质量控制点设置展示牌。

2）监理项目部根据工程实际进度，定期检查WHS质量控制点的实体质量，填

南方电网抽水蓄能电站工程WHS质量控制类型点分布表　　表1

序号	专业	W点数目	H点数目	S点数目	小计
1	通用工程	4	0	0	4
2	水工工程	5	32	8	45
3	公路工程	13	16	2	31
4	房建工程	25	17	1	43
5	机组及其附属设备安装工程	36	19	8	63
6	水力机械辅助设备安装工程	10	2	2	14
7	电气设备安装工程	26	3	4	33
8	电气试验及机组调试工程	25	2	49	76
9	金属结构制造与安装工程	9	3	2	14
	小计	153	94	76	323

清远抽水蓄能电站工程WHS质量控制点设置表　　表2

序号	专业	W点数目	H点数目	S点数目	小计
1	通用工程	18	0	0	18
2	水工工程	643	3244	1371	5258
3	公路工程	13	16	2	31
4	房建工程	28	17	5	50
5	机组及其附属设备安装工程	140	76	32	248
6	水力机械辅助设备安装工程	67	31	33	131
7	电气设备安装工程	73	20	10	103
8	电气试验及机组调试工程	73	8	195	276
9	金属结构制造与安装工程	116	19	6	141
	小计	1171	3431	1654	6256

写相应的WHS检查表，及时组卷、存档。

3）监理项目部每月定期计算WHS合格率。

当80%≤WHS合格率<90%时，应采取措施加以改进；当WHS<80%，且连续出现两次的，应停止作业，予以纠正。检查出现不合格点或不合格项，均应按照闭环管理原则进行处理。

4）根据实际情况对WHS合格率指标进行适当分解和细化，设置WHS合格率的二级或三级指标，用于强化现场质量管理。

5）对WHS质量控制点，监理检查采用现场复核方式，因特殊原因不能及时到场的，施工项目部应提供录像、数码照片和施工记录作为检查复核依据。

6）对WHS质量控制点拍摄数码照片并存档。

7）WHS检查评价结果可作为参考依据，纳入施工单位质量管理体系和年度绩效评价。

三、监理实施计划与措施

1. 监理实施计划

1）修订完善清远抽水蓄能电站WHS工程质量控制标准

根据南方电网《基建工程质量控制标准（WHS）》（抽水蓄能电站部分），结合清蓄电站工程实际，补充、修订及完善清远抽水蓄能电站WHS工程质量控制标准，并报业主项目部审批。

2）编制并报审WHS质量控制点设置表

统计分析工程进度形象和施工计划安排，根据《清远抽水蓄能电站WHS工程质量控制标准》和施工设计图纸，结合单位工程、分部工程、单元工程（检验批）项目划分情况，分专业编制本工程的WHS质量控制点设置表，并报业主项目部审批。

3）组织宣贯培训WHS工程质量管理体系文件

推行WHS工程质量管理是强化工程建设过程质量控制而采取的创新性举措，在国内水电工程建设中处于摸索实践阶段。实施前，监理部制定培训计划，组织各参建单位宣贯学习WHS质量控制标准，消除对标准内容的认知和理解误区，明确参建各方职责，为WHS落地实施打下基础。

4）WHS工程质量控制点过程实施

监理部根据WHS质量控制点设置表和工程进度情况，按月制定WHS检查计划，并可根据工程变化情况，适时调整WHS设置表。编制或调整WHS设置表后，及时组织建设单位、设计和施工单位进行会审。在项目实施过程中，对检查发现的不合格点或不合格项，均应按照闭环管理原则进行处理。监理工程师负责WHS检查评价及检查表格的填写归档，按月统计分析WHS合格率。

2. 监理措施

1）成立以总监为组长，各部门负责人为组员的WHS工程质量管理领导小组，负责制定《清远抽水蓄能电站WHS工程质量控制标准》、WHS质量控制点设置表、WHS监理实施细则等作业文件，组织宣贯学习WHS文件，指导、检查、考核WHS监理工作质量。

2）定期组织员工进行WHS作业文件的培训和考试，提高监理工程师的专业技能、质量意识和责任心，并将WHS监理工作质量纳入员工绩效考核范畴。

3）根据工程实际进度，按月度制定WHS监理实施计划，落实每个工程项目的W、H、S质量控制点责任人，按施工标段建立WHS实施台账，实行动态跟踪管理。

4）要求施工单位将WHS质量控制点设置表、实施计划、质量保证措施等编入施工组织设计和施工技术方案及施工作业指导书，并在施工作业面设置W、H、S质量控制点展牌。

5）加强工序质量管控力度，将旁站、巡视及平行检验进一步落实到工程质量过程控制中，要求监理工程师在现场如实填写W、H、S质量控制点检查记录表，并及时组卷、存档。

6）督促施工单位切实履行工程质量主体职责，严格执行"三检制"，对于在WHS检查中发现的质量问题，应及时发出监理工程师通知单督促施工单位限期整改，监理复查闭环。

7）按月定期统计、分析每个施工标段的WHS合格率，将WHS合格率纳入工程质量考核指标内容，当WHS合格率低于控制目标95%时，应采取约谈、发文、罚款、扣分等手段责令施工单位加以改进或停工整顿，确保工程质量受控。

四、WHS实施效果

清蓄电站实行WHS工程质量管理6年来，经过参建各方共同努力，工程实体质量水平得到了极大提升，共完成6256个WHS质量控制点抽检，WHS合格率为98.7%，复查合格率100%，工程整体质量优良。先后圆满完成了水库蓄水、水道充水、500kV系统充电、机组投产等里程碑节点目标，取得了厂房清水混凝土浇筑、高压水道充水、500kV系统充电、4台机组同甩负荷试验一次成功，4台机组考核试运行一次通过等诸多优异成绩，为创建国家优质工程奠定了坚实的基础。通过推行WHS工程质量控制，监理人员的质量责任意识和专业技能以及管理能力得到了加强和提升，监理工作成效显著，获得了全国优秀质量管理小组、优秀监理部、劳动竞赛先进单位等多项荣誉。清蓄电站主要工程质量亮点如下：

1. 土建工程

1）地下洞室预裂爆破开挖质量处于国内领先水平，厂房顶拱、边墙、高压岔管等开挖成型美观，无明显错台，半孔率98%以上，获得中国工程爆破协会一等奖。

2）大坝黏土心墙填筑厚度均匀、碾压密实、表面平整、边线整齐，干砌石坝坡顺直美观，稳定性好。

3）水道系统混凝土浇筑及灌浆质量良好，水道充水一次成功，试验结果优于设计预期效果，水道和厂房无渗漏。

4）主厂房清水混凝土浇筑一次成型，内实外光、色泽均匀、圆角平顺、棱角分明，不需二次装修。

5）坝顶公路电缆沟、花槽混凝土表面平整、光滑、无色差，盖板间隙均匀。

6）主厂房发电机层装修工艺精细、简洁大方、舒适明亮。

7）上水库基础补强处理方案论证充分，施工细节控制到位，坝后量水堰测值大幅降低，补强成效显著。

2. 机电工程

1）进水球阀装配质量优良，密封性能可靠，充水运行一年来，无任何渗漏。

2）座环与蜗壳的安装调整和混凝土浇筑质量优良，浇筑后的座环水平度为0.03mm/m、最大值仅为0.19mm，蜗壳焊接QC小组荣获2014年度全国优秀质量管理小组称号。

3）发电电动机转子磁轭采用分段磁轭厚板组装，定子铁芯采用无穿心螺杆结构，组装质量优良，转子整体偏心值为0.10mm，优于国家规范标准0.15mm。

4）500kV系统GIS、高压电缆、主变等高压电气设备充电一次成功，做到零缺陷、零故障、零报警。

5）全厂管路、线缆、桥架和设备布局美观、层次分明、路径清晰，工艺精细规范。

6）机组安装与调试质量优良，一次性通过考核试运行，各主要部位的温度、压力、振动、摆度等技术指标均优于国内同类型机组，运行极其平稳。

7）国内首次完成一洞四机同甩100%负荷试验和四机泵工况断电试验，蜗壳压力、尾水管压力、机组转速等实测值优于调保计算保证值，水道、厂房及其他洞室等水工建筑物稳定无异常。

五、探讨及建议

1）将WHS质量控制与工程验收"三检制"有效结合，同步实施，在"复检"阶段介入，"终检"阶段复查闭环，WHS检测记录作为工程质量评定依据。

2）《基建工程质量控制标准（WHS）》（抽水蓄能电站部分）仅是指导性文件，存在一定的局限性。在具体项目工程实施前，应根据工程实际情况，筛选确定质量控制类型点，必要时可增设控制点，提高关键部位和关键工序的抽检比例，尤其应注意修订和完善机组及其附属设备安装工程的点位设置和检查表格。

3）需进一步提高《水工工程WHS质量控制标准》的可操作性，建议按坝工、水道、厂房及其他洞室等分部工程设置控制点，对于关键工程部位应细化至工序，并据实修订控制点的检查项目及其质量标准。

4）建议在通用工程中增设H点（关键部位设计交底、专项施工方案审查）和S点（原材料力学性能试验、焊接无损探伤检测），将水工工程中的H点（碾压混凝土、沥青混凝土）修改为S点和增加黏土心墙填筑S点，在金结制安工程中增加弧形闸门、钢岔管、放水底孔锥形阀等控制点。

5）水电站地下厂房通风空调和消防系统工程有别于房建工程有关项目，不能直接套用南方电网的输变电工程相关标准，建议制定适用于水电站的《通风空调和消防系统工程WHS质量控制标准》。

六、结语

WHS是强化施工过程质量控制的一种有力手段，是南方电网的工程质量管理创新性举措，具有科学性和实用性。通过清蓄电站6年来的应用，取得了较好成效，同时积累了监理工作经验。值得进一步总结、探讨、完善相关标准和实施方法，可以与施工作业指导书有效结合，形成抽水蓄能电站工程施工质量管理标准化手册，向类似工程推广实施。

参考文献

[1] 伍智钦，黄学军等.基建工程质量控制作业标准（WHS）抽水蓄能电站工程.中国南方电网有限责任公司，2012.2.

[2] 何本善，吴远海等.水电站基本建设工程验收规程.DL/T5123-2000.

[3] 中国电力企业联合会.水电水利基本建设工程单元工程质量等级评定标准.DL/T5113.

[4] 祁宁春，周钧平等.水电水利工程施工监理规范DL/T 5111-2012.

[5] 朱小飞，段征宇等.阳江抽水蓄能电站工程监理大纲.中国水利水电建设工程咨询中南有限公司，2015.3.

挤扩支盘桩的监理要点浅谈

山西诚正建设监理咨询有限公司　胡红安

> **摘　要**：结合新疆国泰新华一期动力站项目挤扩支盘桩的监理实际，本文论述了从挤扩支盘桩质量控制，监理采取的措施方法，从事前、事中、事后以及各个工序的质量控制要点以及取得的效果。
>
> **关键词**：挤扩支盘桩　质量控制　电子盘径检测仪

新疆国泰新华准东一期项目2×350MW动力站桩基工程使用了多种形式的桩基包括：旋挖钻孔灌注桩、挤扩支盘桩、CFG桩。山西诚正监理咨询有限公司承担了该工程的监理工作，这也是我们第一次在沙漠戈壁进行桩基施工的监理，为了确保工程质量，针对该项目桩基特点，监理部精心准备，认真学习和监理，在施工过程中不断学习探索如何采取有效措施确保桩基质量，下面我谈谈在监理过程中对挤扩支盘桩施工监理质量控制要点的认识，供大家交流。

1. 工程概况

本工程桩基地址地貌上属于准噶尔盆地东部腹地的天山山麓冲积扇的细土平原，厂区地层多为粉砂、粉土、细沙、粉质黏土的地层组合，工程地质情况复杂，容易造成塌孔，地下水位高且强腐蚀性，稳定水位分层-2.00m，±0.00标高约为499.050m。

2. 桩基工程设计方案

本工程挤扩支盘桩桩采用泥浆护壁钻孔灌注桩+挤扩设备技术工法形成挤扩支盘灌注桩，桩径D为700mm，支盘直径1500mm。本工程桩为端承摩擦桩，图纸要求施工必须保证图纸要求的设计桩净长，终孔标高的决定以设计桩长为主。桩身承载力盘挤扩首压值均不小于12Mpa，桩端支承在⑥-1粉沙层、⑧粉土层或⑧-1粉细沙层，桩端处土的端阻力特征值Qpa为600kpa、1400kpa或1600kpa。

2013年10月，广州电力设计院对主厂房桩基设计为旋挖钻孔灌注桩，有效桩身长达40米，桩身直径为800mm，由于特殊的细沙土质结构，在成桩过程中，经常造成塌孔，回填后不能立即重新钻孔返工，施工难度大，进度缓慢，由于桩长度达40米造成混凝土、钢筋用量大，每桩成本高，不能满足建设方对工期的要求，随后设计院根据地勘数据及相关技术资料，果断在之后的厂房、建筑物基础桩基均采用挤扩支盘灌注桩取代。事实证明这次修改设计是成功的。

挤扩支盘灌注桩是在等截面钻孔灌注桩基础上发展起来的一种新型结构桩。它是根据树根抗压、抗拔作用的仿生学原理，结合变截面钻孔灌注桩的性状进行构思，研发的一种新的桩型结构。采用挤扩成型的方法在桩身设置一个或多个承力盘的灌注桩。这种桩通过分承力盘改变了原有摩擦桩的受力机理，提供了比桩身侧摩擦阻力大得多的盘（支）底阻力，从而大大提高了桩的承载力，减少了桩基沉降，能够显著提高单桩承载力，从而减小桩径，缩短桩长，可以

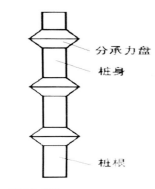

图1 挤扩支盘桩

有效地缩短工期，减少材料消耗。

挤扩支盘灌注桩是在钻（冲）孔后，向孔内下入专用的液压挤扩成型机，通过地面液压站控制该机弓压臂的扩张和收缩，按承载力要求和地层土质条件，在桩身不同部位挤压出近似圆锥盘状的扩大头腔后，放入钢筋笼，灌注混凝土，形成由桩身、分承力盘和桩根共同承载的桩型。挤扩支盘桩的组成见图1。

监理部对于这种新的施工工艺还比较生疏，需要在短时间内学习如何对这种施工工艺进行监理，如何对施工质量进行控制，特别是这种施工工序方法未大面积推广，在沙漠地质条件下施工成功经验没有可借鉴的先例，对于施工单位和监理单位都是摸索前进，施工操作很多是靠手工和经验，施工技术和管理在短期内不易适应，工程质量验收资料表格尚无相应的统一规定，这些都给我们现场监理工作带来了新的挑战。

一、监理内业准备及施工前控制

针对挤扩支盘灌注桩施工，监理部工程师之前都没有挤扩支盘桩的监理经验，如果不认真学习相关的技术规范、规程和技术资料，做到懂工艺流程、施工方法，知道监理的控制重点，那么这项监理任务就会失控，挤扩支盘桩的施工就无从监理，更不要谈什么质量控制和进度控制了，因此监理部提前做了认真细致的前期准备工作。

1. 组织监理工程师及监理员学习支盘桩技术规范、规程和图纸资料，监理人员结合设计图纸，通过对相关规范、规程的学习掌握，进一步熟悉了支盘桩的工艺流程，明确了施工过程中的监理质量控制要点，以及关键工序采取的针对性的措施和方法。

明确主要监理形式之一是旁站监理，中煤地质分包工期紧，任务重，为了赶工期实行两班倒交替施工，为了配合各工序验收顺利正常进行，监理部安排两名专业监理工程师倒班监理，24小时现场各工序验收和旁站，实行全过程跟踪服务，同时也要求中钢总包专工跟班验收，这样全程服务于分包单位对各工序及时验收的要求，大大缩短了成孔后逐级验收时间，减少因验收时间长造成塌孔的概率，保证了成孔的质量，最终在要求的合同工期内完成了366根支盘桩的监理任务。

2. 施工准备阶段的质量控制

（1）做好对施工单位的资质审查工作，由于本工程为中钢和广东省电力设计院组成联合体的EPC模式，监理部主要是对中煤地质分包单位的营业执照、资质等级、安全生产许可证、近三年的业绩及管理和特种作业人员资质等相关资料进行审查，并且检查是否建立健全了质量管理体系、技术管理体系和安全管理体系。

（2）组织设计交底和图纸会审，先由设计人员介绍设计意图，强调施工的重点、难点以及在施工中应注意的事项，然后由监理人员会同建设单位工地代表、设计、总包、分包技术人员对图纸进行会审，解决图纸中存在的疑点、技术难题，并最终对设计意图达成共识，以确保工程质量。

（3）审查施工方案

① 施工方案中如何控制挤扩支盘桩质量及采取的措施是审查的重点，包括定位的措施，泥浆护壁比重、黏度和沉渣厚度如何满足设计要求采取的措施等。

② 方案中要有打试桩的内容，试桩是在支盘桩正式施工前，施工单位根据地质勘查报告选择地质勘探孔附近的一根工程桩的适当距离（一般距离为2D以上，D为工程桩支盘直径）打一孔，孔直径、深度、盘径与工程桩同，在设计标高位置分别挤扩支盘，详细记录每个挤扩高度的压力值，以确定每高程点的土质所承受压力情况，与地勘土层相对照，进而确保实际施工中适宜的支盘高度和适合的土质。

③ 方案中要有支盘成形的技术参数。挤扩主要参数包括：支盘挤扩次数，支盘机每一次旋转角度和支盘挤扩压力值等，还要明确对关键部位和关键工序进行规范规定内容的检测，包括：孔径、孔深、盘径、盘高、沉渣厚度等。

④ 方案要明确成孔方法：本工程采用正循环泥浆护壁旋挖钻孔挤扩支盘法，图纸要求成盘后必须用电子盘径检测仪对桩成盘质量进行检查。

监理审查支盘桩方案对成孔质量的其他要求同传统钻孔灌注桩是一样的，包括对钢筋笼、清孔、水下灌注混凝土等关键工序的质量要求是相同的，这些工序仍然是挤扩支盘桩质量控制的重要内容之一。

（4）编制挤扩支盘灌注桩监理实施细则

在仔细学习设计图纸、相关规范、规程基础上，针对分包单位桩基施工方案认真编写了切实可行的监理细则。细则要求对进场机械设备、原材料进行严格审查，要求其规格、型号、数量、材质证明文件必须与实际相符，需要复检的原材如钢筋必须在监理见证下委托具备相应资质的试验室进行抽样复检，复检合格后方允许使用，同时联合建设单位加强对混凝土搅拌站原材质量进行检查。

对控制支盘桩的成孔、成盘、泥浆比重的控制，严格检查钢筋笼制作质量，清孔后钢筋笼吊放，混凝土水下灌注的施工措施等重点工序拟采取的监理控制方法进行详细的编制，为了保证每道工序的验收质量，验收必须经总包质量专工初验合格后，报验监理复检合格后方允许进行下道工序施工，并根据现场实际修改增补了一些工序验收的表格，便于总包及监理和建设方对每道工序的验收形成施工验收记录资料。

二、施工过程监理质量控制要点

1. 对进场原材、设备的控制

现场使用的主要是钢筋和商品、混凝土，从开始施工前，建设方和监理、总包对附近的混凝土搅拌站进行了考察，选定了两家搅拌站直供商混，而且建设方会同监理和PMC对商混站所使用的原材进行不定期的突击检查和复试检验，以确保原材的质量。

根据地勘报告显示地下水强腐蚀性水质，因此设计对所有桩基进行防腐蚀设计，要求在桩身混凝土内添加抗硫酸盐的CM型矿物掺和剂，CM型防腐剂掺和量配比经过有资质的试验室配比，由于每 m^3 商混按试验室配比单比例添加CM使比同批号的普通商混成本增加80~100元，防止搅拌站为了减少成本，少加或不加CM料却按已添加CM料的混凝土价格供应，混凝土质量就无法保证，为了核实搅拌站对所有地下混凝土基础是否添加CM添加剂，比例是否按设计要求等问题，监理部针对性提出对CM添加剂"进场报验、总量控制、抽样检查、突击抽查、落实考核"等监理手段，确保搅拌站保质保量地按配合比添加CM料。

对桩机设备进行检查，并检查挤扩支盘桩分支挤扩成型机的技术说明、技术参数等是否满足设计要求，特别是，是否配备了设计图纸，明确要求电子盘径检测仪设备。中煤地分分包单位进场后，向监理部报验进场设备时就发现没有报验的电子盘径检测仪（LHY-JJY-02）设备，经现场核实确实没有配备，立即暂停分包单位的试验桩施工，联合建设方现场负责人及总包专工督促施工单位必须配备电子盘径检测仪才允许施工，就这样停了一周施工，在电子盘径检测仪到场调试合格后，方允许进行正式试验桩施工。

2. 桩位及桩机垂直度控制

根据建设方给定的厂区测量基准点，与拟建的交通立交的相对关系，通过计算，在施工现场布设施工控制轴线，报验监理复核确认测量成果，为了保证测量放线准确性，要求施工单位使用全站仪、GPS等进行桩位放样，复测桩位并待桩机移到位置后，桩机转盘中心吊一线锤，然后移动桩机，使锤尖对准桩位中心，此中心就是现场经过施工单位轴线交汇法复核的桩位中心。

首先是控制钻机转盘水平度，即用水平尺平放在转盘边沿，用手慢慢转动转盘，水平尺中气泡始终保持中心位置，证明转盘是在一个平面，其次检查钻杆的垂直度，用线锤在相互垂直两个方向检查垂直度。

确保桩基水平架与钻杆垂直，转盘中心与桩偏差小于2cm，成孔垂直度偏差应该控制在1%。

3. 泥浆比重的控制

在钻进过程中为防止塌孔，孔内水位必须高出地下水位1m以上，为了防止支盘塌落，泥浆比重比传统泥浆护壁钻孔桩大，成孔时制备泥浆比重为1.3~1.5（正循环），总包专及分包专工自检时一般从桩孔护桶中排出的泥浆流中检查，实际操作中，由于该地区地质构造主要为粉土、细沙、粉细沙层等容易造成塌孔、塌盘的地质层，泥浆比重适当加大，监理工程师一般掌握为1.3~1.5混凝土灌注前经过二次清孔时，泥浆比重要求控制在1.15~1.25，钻进过程中，监理人员经常检测泥浆比重，防止施工单位因随意调整钻进技术参数发生意外。

4. 严格控制实际钻孔深度

挤扩支盘桩施工过程中，实际钻孔深度的大小对支盘桩施工质量有一定影响，如果钻孔深度过大，混凝土的浇筑量增大，承载力过剩且影响支盘桩的经济效益，如果钻孔深度不够，会引起承力盘位置的变化，使支盘桩的承载力不足，所以，施工中应尽量按设计要求和实际挤扩技术参数的变化严格控制实际钻孔深度。

成孔后，监理人员复查孔深、沉渣厚度，如果孔深没有达到设计要求，再进行钻孔加深，会影响支盘安全，容易造成塌盘。现场检查方法是利用测绳和检查钻杆长度检查实际孔深，用测绳下面吊线锤，沉入孔底，上下来回提动，感觉坠锤已落入孔底，做好记号，提起测绳，丈量长度，同时要求施工单位与钻杆标识位置测量长度对照，两者测量结果互为印证，确保达到设计深度。经现场监理工程师及建设方代表、总包方共同确认达到设计孔深，方允许分包单位进行第一次清孔。

5. 清孔的质量控制

钻孔经检验合格后，立即安排清孔，即利用泥浆循环将成孔过程中未及时排到地面上的滞留大颗粒清除，泥浆比重控制在1.3，含沙量小于8%，胶体率大于80%，一次清孔后，要求成渣厚度小于300mm，监理工程师复核泥浆比重和沉渣厚度。

6. 挤扩支盘质量控制

将挤扩支盘器用吊车吊入孔内，由下而上，按设计要求（图2）标高挤扩支盘。

通过液压泵加压使挤扩支盘器下端扩成伞形，采用双臂挤扩支盘的公压臂，首先应确定每挤扩一支应转的角度。根据挤扩的盘径和双臂张开时的弓压臂的宽度，计算出一周360°挤扩次数X，一支后应转角度a，两支则按180°计算，180°/a＝X；根据施工方案，已计算出每次旋转20°，挤扩9次，为了保证挤扩有一部分重合，确定挤扩10次成一个承力盘。

在挤扩第一次时，记录挤扩压力值和标高，并记入旁站监理记录中，根据实验桩的挤扩测得试验值，确定挤扩器完全支撑开需达到25Mpa以上，即认为公压臂已完全撑开。

在挤扩过程中，要认真观察钻孔中泥浆液面的下降，及时补充泥浆，防止塌孔。

每个支盘挤扩完毕，应根据泥浆下降体积与支盘体积比，泥浆下降体积要大于支盘体积的80%，否则盘体成型不合格。

为避免钢筋笼下放在成盘处遇阻，每成盘一个后，上下小范围活动挤扩支盘器3~4次，利用弓鞋和弓压臂破坏盘处形成的台肩（图3）。

7. 电子盘径检测仪检测

电子盘径检测仪是多功能检测仪器，能对挤扩支盘桩进行孔径、盘径、孔深等项目进行检测，还能反映出孔壁情况，检测报告单提供给监理工程师分析判断桩孔深度和支盘直径、完整性的质量情况，检测的各项结果如符合设计参数要求，则工序质量正常，如果参数出现异常，则应采取纠偏措施。本工程为保证成盘质量，按设计要求对所有钻孔全数用盘径检测仪进行检查。并保存检测仪测试数据存档。

8. 钢筋笼制作及下放

为了保证钢筋笼安装质量，防止由于一次吊装过长使钢筋笼变形，钢筋笼按设计尺寸（图4）分节制作，在安装前把一根桩的钢筋笼全部运到桩孔边，按照图纸要求检查每节钢筋笼长度，配筋直径，根数是否符合设计要求。

对钢筋笼焊接质量再一次检查，另外检查混凝土保护层等长的钢筋弯制成Ω确保保护层厚度70mm，两头分别与主筋焊接（每3m设一组，每组同一截面上每隔90°设置一个），这样不仅

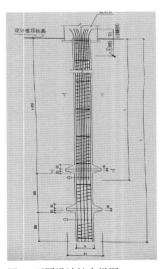
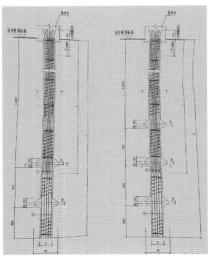

图2 不同设计桩大样图

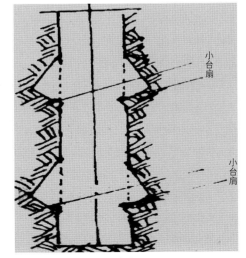

图3 成盘后形成的小台肩

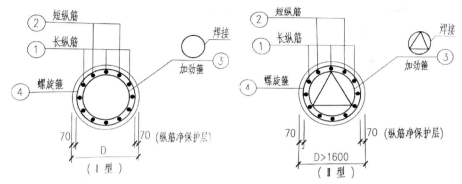

图4 钢筋笼大样

起到钢筋保护层的作用,还能起到钢筋下放过程中顺利下行的导向作用。

钢筋笼按尺寸要求分节制作成型,孔口采用吊车吊装入孔后现场用电焊机完成钢筋笼的对接焊接,确保接头搭接长度达到35d（d为钢筋直径）且不小于500mm长度范围内,接头面积百分率不大于50%,单面满焊焊接质量保证。

钢筋笼下放时,应垂直起吊,并缓慢放入孔中,尽量避免与孔壁接触,笼底部钢筋弯向中心,避免下放时刮坏孔壁,或撞击支盘空腔使其坍塌,钢筋下放完毕,要求总包及监理单位对其进行隐蔽工程验收,钢筋笼的固定、垂直度、保护层厚度、长度满足设计要求。

9. 第二次清孔

泥浆比重控制在1.15~1.20之间,二次清孔视地层情况而定,不易长时间清孔,清孔后测量沉渣厚度≤50mm,满足要求,经总包专工及监理工程师确认后,方可进行下道工序施工。

10、混凝土水下灌注

本工程使用标号C40加CM料的商品混凝土,质量控制主要是灌注过程及工艺要求,坍落度控制在18~20cm,水下灌注混凝土应在二次清孔后立即进行,首次浇筑时应使导管底端距离孔底30~50cm,在漏斗与导管接口处增加一个直径略大于管径的皮球,混凝土重量压迫皮球沿导管向下缓慢移动,并把导管内泥浆水从导管底部排出,皮球一方面排尽导管内地泥浆水,另一方面减缓混凝土下落的速度,减少离析发生,避免造成桩底混凝土不密实。首次浇灌量应满足两个条件,①导管下口埋入混凝土中;②导管外混凝土液面高于底盘1m以上。在混凝土浇筑过程中,导管被埋深度应控制在4~6m之间,商品混凝土应供应及时,每灌车混凝土量,根据孔径计算出理论埋管的深度的混凝土一次灌入量,任何情况下不得把导管拔出混凝土浇灌面,以免造成断桩。控制最后一次灌注量,桩顶不得偏低,灌注混凝土至少要比设计桩顶标高高出0.8m,在凿除泛浆高度后必须保证暴露的桩顶混凝土达到强度设计值。

三、事后监理阶段

要求施工单位必须对每一根桩做好每道工序施工记录,并按要求经总包及监理工程师验收确认,按规定留置混凝土试块进行标养和同条件养护,经28天强度试验确保达到设计强度要求。

对每根桩做好监理旁站验收记录,对浇筑混凝土过程中有提升导管过快,可能产生断桩或断桩的缺陷情况,记录桩号位置坐标,后期对桩的承载力及完整性试验时作为重点抽检对象。

四、监理控制效果

2014年6月,本工程的挤扩支盘灌注桩已全部开挖完毕,全厂共施工366根挤扩支盘桩,从静载荷试验测试和低应变试验检测结果来看,抽查桩的承载力和桩的完整性结果均达到了设计要求,没有出现断桩和短桩的情况。

本工程的实施过程中,旋挖钻机施工支盘灌注桩技术得到了有效应用,不仅节省了投资,保证了工期要求,也为随后的动力站的主体施工提供了时间保证,现在动力站主体工程已完工,经过一年多的沉降观测,沉降量均在设计允许范围内,本项目的桩基工程质量经受住了时间的检验,也为其他项目的类似施工技术的应用提供了借鉴。

参考文献

[1]《建筑桩基技术规范》（JGJ 94-2008）.
[2]《火力发电厂支盘灌注桩暂行技术规定》（DLGJ 153-2000）.
[3] 杨文华.监理挤扩支盘桩施工中注意的问题.工程质量,2002-11.
[4] 李仙鹤等.旋挖挤扩支盘桩在工程中的应用.工业建筑,2013-S1.

把握新常态，强化监理企业诚信自律建设
——在编制公司《监理信用管理标准》过程中的一些思考

合肥工大建设监理有限责任公司

近几年来，"新常态""诚信""信用"等词语出现的频率越来越高，国家提出了"信用中国"的概念，各行各业正在加快信用平台建设，且各个行业部门正在打破壁垒，加速融合，一个统一的信用平台呼之欲出。作为一个企业如何去主动适应？怎样建立有效的诚信自律管理体系，从而避免企业遭到"失信惩戒"，使企业能健康、稳步成长？这些是当下每个企业人都非常关注的事。

合肥工大建设监理有限责任公司已成立二十年，是全国百强监理企业，有良好的信用等级，但对比新形势的要求依然存在不少差距。为适应新的市场及监管环境，公司决定构建更加严格的诚信自律体系，为此编制了《监理信用管理标准》并于2015年下半年开始推行。

本文就公司《监理信用管理标准》编制、实施过程中的一些思考与同行分享，起一个抛砖引玉的作用，以期共同促进整个行业诚信自律、良性发展。

一、何为"新常态"

这两年，"新常态"是一个绕不过去的词，内涵太丰富，大家都会有不同的理解。我觉得，所谓"新常态"还不是真正的"常态"，还不是现实，只是一个在不久的将来大概率能够实现的目标。之所以提"新常态"，是因为"老常态"搞不下去了，需要变革。实际上，我们处在一个"变态"阶段，即从"老常态"向"新常态"变化的状态。

对于监理行业来讲，中国建设监理协会修璐副会长对"新常态"的归纳较为全面（见《新常态下监理企业发展面临的机遇与挑战》）。"新常态"最本质的特征是让市场在资源配置中起决定性作用，而真正的市场经济必然是法制经济、信用经济，市场化产生的结果就是优胜劣汰。围绕这个核心问题，无论是政府、行业、企业，都要转变、适应，重建新的平衡。

对于监理企业及从业人员来说，讲诚信、讲信用是"新常态"的核心要求。既然是核心，就必须认真对待，把握方向，不等不靠，主动"变态"。

二、"信用"是什么？

信用在《辞海》中有三种释义：一是信任使用；二是遵守诺言，实践成约，从而取得别人对他的信任；三是价值运动的特殊形式。

三种释义内在逻辑是一样的，对监理来讲，第二种释义更贴切些，所以"信用"是能够履行跟人约定的事情而取得的信任；"信用"是希望获得别人信任的良好愿望、一个承诺、一种态度，更是一种履行承诺的能力。

古人说人无信不立，言必信、行必果，有信者存、无信者亡，对个人是如此，对由人组成的组织、社会同样如此，古今中外，概莫能外。

三、"信用中国"的建设步伐

毋庸讳言，相当长一段时间以来，各行各业、各层面普遍缺乏诚信意识，这有违于我国传统文化思想，更不符合社会主义核心价值观，与现代社会普世要求也是格格不入。很多人对此已是熟视无睹，甚至是麻木了，说是严重的社会信任危机一点都不为过，甚至到了崩溃的边缘，再不改变，恐怕离亡国也不远了，这不是危言耸听，相信每个生活在这个社会中的人都有切身体会。

十八大后，中央新领导班子大刀阔斧、拨乱反正，向社会假、丑、恶、腐现象开刀，全力推进法治社会建设，重建社会信用体系，取得的成果有目共睹，鼓舞人心。我想，这一进程将进一步加快，让我们每个人切实感受到了中国梦

的美好前景。

根据《国务院办公厅关于社会信用体系建设的若干意见》（国办发〔2007〕17号）及《国务院关于印发社会信用体系建设规划纲要（2014-2020年）的通知》（国发〔2014〕21号）等要求，各行各业的诚信平台已基本建立，跨行业、跨部门的全国统一信息平台正在建设，信用建设的速度远超我们的想象。

比如，据信用中国网站（http://www.creditchina.gov.cn/）报道，关于"老赖"问题，从2015年12月起，凡因有偿还能力但拒不偿还全部或部分到期债务，被全国各级人民法院列入失信被执行人名单的自然人（即"老赖"），将受到信用惩戒，不得在全国范围内担任任何公司的法定代表人、董事、监事和高级管理人员。工商部门将联合更多部门，继续加大对各领域存在失信行为的企业和个人的信用惩戒力度，真正实现"一处违法、处处受限"，让失信者寸步难行，让守信者一路畅通。

建设行业也不例外，过去那种"造假有利、诚信吃亏""劣币驱逐良币"等恶劣现象正在得到扭转，以前习以为常的一些普遍违法现象开始得到遏制，一股讲诚信、讲责任的新风正在形成，对失信、违规、违法行为的惩戒执行力度正在持续加大，以互联网技术为依托，与大数据时代相适应的信用管理平台已初步建立。

可以预计，在今后几年内，新体系必将完善，有效运行，对整个行业从业单位、从业人员形成硬约束条件，讲诚信的将赢得市场的青睐，不讲诚信的必将遭到市场无情的淘汰。

那些靠不正当手段获得项目的行为虽不会立即销声匿迹，有时甚至在一定区域、一定领域还会有很大惯性，但这肯定不代表社会发展方向，终究不可能长久，也不可能代表这个行业的普遍状态，这也是建设领域的新常态之一，大家对此应当有一个清醒的认识。

我相信，"信用中国"的建设和完善将使我们生活在一个更加美好的时代。

四、新常态下我们的对策

合肥工大建设监理有限责任公司业务范围涉及房建、市政、公路、水利、机电等多个专业，涉及住房与城乡建设、公路、水利等多个行业管理部门，在安徽省内外有多个经营管理团队。这几年，各地、各行业主管部门相继出台了信用管理办法，这些办法虽然基本原理及原则是一致的，但具体条文及操作还是千差万别，公司各在监项目执行起来还是觉得困惑，也不便于公司统一管理。为此，公司认为有必要根据我公司业务范围特点，创建能兼容各行业、各地方要求的公司相对统一的信用自律管理标准，使公司信用自律管理科学合理，既满足各行业要求，又便于对属于不同行业的所有项目进行统一的比较。

为此，我们对公司存在的问题进行分析，对各地各行业主管部门的信用管理标准进行梳理和研究，并加以归纳吸收，形成了内部自律管理标准编制的基本思路。

1．公司在信用体系建设中存在的主要问题分析

（1）没有形成相对统一的信用管理机构，对各项信用要素管理分散在各个职能部门，而各职能部门的联动整合存在脱节的现象。

（2）对公司业务范围涉及的各行业主管部门的信用管理要求缺少综合分析与整合。

（3）公司、经营管理团队、项目三级管理体系建设中，分管领导及团队对项目的监管作用尚未真正有效发挥。

（4）由于项目范围、数量的扩大，公司职能部门对项目监管疲于奔命，效

果不佳。

（5）重检查、轻处罚的现象比较严重，致使制度的硬约束力明显偏弱。

（6）对人员管理、团队管理、项目管理的评价标准有待更新完善。

2.信用管理要素分析

信用就是指能够履行跟人约定的事情而取得的信任，根据监理工作特点，在分析各行业主管部门信用管理要求或标准基础上，我们认为，监理的信用管理对象主要为从业人员、监理机构（项目监理机构、经营管理团队、公司）、监理项目；信用管理要素主要是行为能力、行为及行为后果，侧重于对工程及社会影响巨大的履约能力、廉政、质量、安全等方面。

3.公司信用管理体系构想

公司新的信用管理体系应满足以下几个要求：

（1）公司有相对统一、分工明确、协调通畅的决策与执行机构。

（2）能适应公司现有组织架构运行要求，调动各级机构及人员的积极性。

（3）管理标准能覆盖公司业务范围，内容能兼容相关主管部门要求；可以在主管部门要求上扩充细化，但不能缺项或低于其要求。

（4）要素能覆盖监理工作全过程需要，做到基本完备，与监理规范及公司监理工作统一标准相适应，对各级监理机构管理能起到指导作用。

（5）标准应具有先进性和可操作性。

（6）检查、考核结果应与奖惩措施相结合，激励诚信行为，惩处失信行为，使制度落到实处。

4.公司信用管理标准实施过程及效果分析

公司《监理信用管理标准》于2015年6月底颁布，自2015年7月1日实施，实施半年来，取得了一些成效，也还存在一些问题，在此一并与各位同行分享。

（1）通过标准宣贯和实施，强化了各级人员的信用自律意识，通过标准的导向作用，公司的诚信氛围在提升。

（2）通过在各种类型工程中的测评，这个标准主要满足房建工程需要，同时能很好地适应其他类型的工程。

（3）由于公司《监理信用管理标准》及配套的项目检查标准与操作指南侧重于对项目监理机构的指导和监管，检查标准覆盖了监理工作的方方面面，通过多层次定期系统的检查，不仅消除了项目监管漏洞，也培养了一线监理人员的系统工作方法，使监理工作的标准化水平有所提高，对公司监理工作平均水平有所促进和提高。

（4）但由于标准颁布时间不长，目前应当说还是在试运营阶段，公司各级管理人员的意识与习惯有待改进，一些配套的奖惩措施还未跟上，这套标准的适应性、有效性还有待检验。

总之，根据国家、行业、地方的要求，我们对统一公司诚信自律管理标准做了有益的尝试，目的是通过这套标准的贯彻，提升监理工作质量，消除可能遭到"失信惩戒"的因素，规避相应风险，使公司整体信用水平维持在一个较高水准，为公司可持续发展提供必要条件。通过这个标准的宣贯、实施强化了这方面的工作，取得了初步成果。接下来，还要根据新的形势及这套标准的实施情况反馈分析，及时调整更新。

关于罪刑法定原则下监理人员所负刑责的思考

长阳清江建设工程监理有限责任公司　覃宁会

罪刑法定原则在西方出现较早，1810年《法国刑法典》第4条首次以刑事立法的形式明确规定了罪刑法定原则。而我国则是在1997年刑法中才作出明确规定，这一方面体现了我国刑事立法的进步，对人权保护的加强，但另一面也让我们看到这一刑法理念在我国与西方国家的差距。罪刑法定原则的基本含义是法无明文规定不为罪、法无明文规定不处罚。即犯罪行为的界定、种类、构成条件和刑罚处罚的种类、幅度，均事先由法律加以规定，对于刑法分则没有明文规定为犯罪的行为，不得定罪处罚。

目前，监理人员因施工现场发生重大安全事故被判负刑责的越来越多，但我们从相关的报道来看，对监理人员的判刑却比较混乱，同样的犯罪事实却涉及多个罪名，比如有按重大责任事故罪判的，也有按工程重大安全事故罪判的，还有按重大劳动安全事故罪判的。不论什么罪名，在上述罪刑法定原则下，都有一些值得商榷的地方。

首先，监理人员被判重大责任事故罪的相对较多，如襄阳市南漳县"11·20"较大建筑施工坍塌事故中的监理人员，还有北京西单北大街西西工地模板支撑体系坍塌事故中的监理人员等。但我们认为监理人员不具备重大责任事故罪的构成要件。按照我国《刑法》第一百三十四条第一款的规定，重大责任事故罪是："在生产、作业中违反有关安全管理的规定，因而发生重大伤亡事故或者造成其他严重后果的"行为。因此，本罪的主体是特殊主体，仅限于生产作业企业里面的职工，从犯罪的主观方面来看，由于生产作业人员明知有相关安全管理的规定，而故意违反这些规定进行生产和作业，从而造成重大伤亡事故或其他严重后果。这类生产作业人员对违反安全生产相关管理规定是故意行为，即明知有相关安全管理规定而故意违反并积极作为，而对重大伤亡事故的危害结果却是因为轻信能够避免而表现为过失。从犯罪的客观方面来看，在生产作业过程中，有危害行为，即未按有关规范进行操作，明知不得为而积极为之，其危害后果与其作为之间具有直接的因果关系。

而监理人员属于中介服务机构的人员，是代表建设单位对项目质量进度投资进行控制，对安全生产进行管理的第三方人员，而不是生产企业的生产作业人员，监理人员主观上也没有违反相关安全管理规定的故意，而且客观上也没有违反相关安全管理规定的行为，只不过对生产作业人员的违规行为表现为不作为，即没有对违反相关安全管理规定的生产作业人员进行有效的制止，与重大责任事故罪在客观表现方面为积极作为恰好相反。当然，也有人认为，只要监理单位给予有效制止，事故就可以避免。但这只是一种假想和推论，监理单位的制止只是有可能不发生事故，但也有可能还是发生事故，其中最关键的因素还是生产作业人员。所以从刑法的角度来看，监理人员的不作为与损害结果之间的关系并不是刑法意义上的因果关系。如果在分析事故原因时，对监理单位的不作为可以认定为其中原因之一，并以此承担相应的行政责任是没有问题的，但如果因此而被判犯重大责任事故罪的话，就不符合罪刑法定原则了。

其次，在监理人员涉刑的案例中，还有被判工程重大安全事故罪的，如南京某学院现代教育中心楼板坍塌事故中的监理人员。工程重大安全事故罪的犯罪主体非常明确，是建设单位、施工单位、设计单位、监理单位。客观方面表现为降低工程质量因而发生重大安全事故。这里的质量应当是工程的实体质量，既包括已经建成的工程，也包括正在建设的工程，客观方面表现为降低工程质量，即设计单位或者建设单位要求设计单位，为降低造价而降低设计标准，或者是施工单位为了获取非法利益而偷工减料不按设计要求施工等行为。1997年刑法修订前，建筑工程质量普遍低下，而且多次因为质量问题而发生恶性事故，最典型如1997年3月25日，福建省莆田市江口镇发生一栋集体宿舍楼坍塌事故，共有31名女工无辜死亡，当时曾轰动全国。正是这种"豆腐渣"工程大量出现在建筑市场的特殊背景下，才有了刑法的这个罪名。1999年綦江虹桥垮塌案对设计、施工（当时好像还没有聘请监理）单位的责任人员就是按工程重大安全事故罪判刑的，也是正确的。了解了刑法修订的这种背景，我们不难发现，南京某学院现代教育中心因脚手架的搭建不符合规范而引起的楼板坍塌事故中，监理人员被判工程重大安全事故罪还是有些不妥之处。很显然，脚手架的搭建是安全技术措施，它虽然有助于形成工程的实体质量，但它不是工程实体本身。脚手架的搭建有相应的规范要求，施工单位的作业人员明知有规范规定而不按规范搭建，其行为实质上是构成重大责任事故罪构成要件，应当以重大责任事故罪对施工单位的操作人员追究刑事责任。如果是这样的话，那么如前所述，监理人员也构不成此罪。

第三，除了上述两种罪名外，还有按重大劳动安全事故罪判刑的，如长沙市上河国际商业广场B区坍塌事故。按刑法第135条规定，重大劳动安全事故罪是指工厂、矿山、林场、建筑企业或其他企业事业单位的劳动安全设施不符合国家规定，经有关部门工单位职工提出后其直接责任人员对事故隐患仍不采取措施因而发生重大伤亡事故或者造成其他严重后果，危害公共安全的行为。由此可知，此罪的犯罪主体是特殊主体，是单位而不是自然人，只不过处罚的是直接责任人员。客观方面表现为单位的劳动安全设施不符合国家规定，经有关单位或单位职工提出后，有关责任人员没有引起重视，从而发生重大安全事故。长沙市上河国际商业广场B区坍塌事故很显然是施工单位对支撑系统也没有按有关标准规范进行搭设，从而造成支撑失稳，进而发生坍塌事故。如果说对施工单位按重大劳动安全事故罪判刑还有点道理的话，对监理人员判处此罪却是主体错位，重大劳动安全事故罪的犯罪主体是单位，在本案中即是施工单位，直接责任人员应当是施工单位的职工，监理人员作为第三方具有独立法人资格的监理单位委派的人员怎么成了施工单位的直接责任人员？重大劳动安全事故罪与重大责任事故罪还有一个区别，即重大劳动安全事故罪除了单位的劳动安全设施不符合国家规定的要求外，还要有有关部门或单位职工提出这样的情节，如果没有这样的情节，则也不能构成此罪。监理单位最多算是"有关部门"。还有，重大劳动安全事故罪是因为单位内部的劳动安全设施有问题，监理单位和施工单位两个单位内部的劳动安全设施怎么可能在同时具有同样的问题且造成同一危害后果？

综上所述，在现有刑法规定的条件下，如果按照罪刑法定原则，对施工现场发生重大安全事故后是没有法条明确规定监理人员应当承担刑事责任的。上述案例追究了监理人员的刑事责任，只能说明，在我国的法制化进程中，贯彻落实罪刑法定原则是一个十分艰巨的过程，需要全社会为之努力，而我们的这些监理人员在中国的法制化进程中作出了特殊的贡献。

为什么会出现这种情况？笔者认为主要有以下几个方面的原因：

一是大众心理影响。一般认为，施工现场出现重大安全事故，死了很多人，损失那么大，没有一批人负责任怎么行？尤其是在施工现场对施工单位的安全生产负有监督管理责任的监理单位，怎么可以独善其身？持有这种认识的人在社会上相当多，一方面反映社会对监理的期望值很高，认为监理的作用很大，另一方面，他们并不是站在法律专业的角度来认识监理的责任，这种认识，尤其是各级领导的认识，最能影响到法官的独立判断。而法官也不愿承担社会舆论的压力，对监理人员作出无罪判决。因为出了这么大的事故，怎么讲监理人员也都有责任，判个缓刑也不为过。这也说明，在我国的法制化进程中，尤其需要一批勇于担当、崇尚法律的法官。

二是对监理的性质认识不清。监理单位是受建设单位委托为建设单位提供工程专业服务的咨询服务中介机构，是独立的法人，其主要职责是根据委托监理合同的授权，依据法律法规标准规范，对施工质量进度投资等过程进行控制，对安全生产进行管理。但是这种监督管理不能代替施工单位自己的内部管理，国家在设定工程监理制度时，主要是在施工企业的自控体系之外设立第三方监督控制体系，称为社会监督，这种第三方的社会监督控制体系与政府的专业质量安全监督机构共同构成了我国的建设工程的微观与宏观质量安全监督体系。如果说在施工现场出现重大安全事故的情况下，监理人员也确实没有履行相关的职责，那么这种责任的性质应当与有关监督管理机构的犯罪人员类似。现在的矛盾是，有关监督管理机构的人员所犯罪行是法律明确规定的渎职罪，而监理人员却并不具备渎职罪的主体资格，在这种情况下，我们认为，如果按照罪刑法定原则，法无明文规定不为罪，不应对监理人员判罪。即使需要追究监理人员的刑事责任，也需要通过修改刑法来解决。

三是我国的法治化进程是一个曲折渐进的过程。虽然我们党提出的依法治国的执政理念时间很长，但法制化进程却是曲折渐进的，经过几十年的发展，我们的法律体系已经基本建立，基本做到了有法可依，我们的执法体系也在不断完善。但是，我们的法制意识还不够深入人心，这也是造成诸如罪刑法定、疑罪从无等刑法原则无法得到全面贯彻落实的一个重要原因。

地理信息系统在机场建设中的应用

北京中企建发监理咨询有限公司　金立欣

摘　要：本文以民航机场建设发展为对象，通过地理信息系统应用于机场建设这种新方式，利用系统结合民航机场改造与运行、系统结合民航机场建设发展、系统在以后机场建设和运行中的作用等进行了探讨和举例分析，并通过工程监理咨询的工作实践进行了初步总结。

关键词：地理信息系统（GIS）　机场建设和运行　数字化建设管理

一、前言

随着我国经济的高速发展，主要城市及区域间的交通运输网络及运输工具正在密切关系到我们每个人的工作和生活。要提高我们的出行便捷性、舒适性和安全性，现阶段首先是通过改造提升运输网络（航空、铁路、水运、公路），如建设或改造机场、车站、码头、铁路、公路等必需的基础设施来满足日益增长的需求。另一方面是把现代新技术、新工艺、新模式引进到工程建设和后续运行系统中来，提升现有交通网络的容载量和便捷性，进而达到交通运输建设管理和运行管理的科学性和实用性，不断完善综合交通运输的状况和人们的需求。

二、机场建设概述与地理信息系统特点

民航机场建设是一个复杂的大型工程，注重相对超前的整体规划设计和先进的建设管理方式。其建设涉及整个机场区域全方位、全过程和全领域。其中全方位指的是包含总图、航站区、飞行区、货运区、能源中心、工作区等各功能区和系统工程；全过程指的是覆盖机场从选址、规划设计、建设及后续运行维护；全领域指的是涵盖数字化机场建设、资源节约、环境友好、科技创新、人性化服务等，即目前倡导的绿色机场。

地理信息系统（GIS Geographic Information System）是一种综合处理和分析空间数据的技术系统，近年来正在逐步应用于交通运输工程（航空、铁路、公路、水运、城市交通等）和水利工程等方面。作为民航机场建设而言，由于其区域范围广、复杂性强、工期长，正逐步将这种新的方式在机场建设中广泛应用。通过 GIS 的利用可以使许多建设过程信息具体明确、简单便捷。当整个机场建设过程的可用信息在建设中通过 GIS 统一分析、编排、显示，预计能够更有效地保证机场建设过程中和运行使用时数据的具体性、便捷性和可靠性。

同时 GIS 在机场建设中的独特之处就在于能够把机场相对复杂的地理信息和相关建设数据有机结合起来，能够有效地对地球空间数据进行采集、存储、

检索、建模、分析和输出。可想而知，信息与地理位置的密切相关，使得GIS应用于机场建设的方案是完全可行的，不但能够使信息在空间上直观明了地显示出来，而且能为数字化建设管理和后续运行服务及决策提供直接的支持。

三、地理信息系统与机场改造及运行相结合的特点

1. 根据民航机场建设的通常形式，结合考虑GIS为机场改造及运输服务的具体要求，以民用机场改造为例整个系统可简单分为三个层面：系统管理层（民航管理局、地方政府、海关、边检）；系统执行层（建设单位、设计单位、监理咨询单位、施工单位）；系统未来用户（机场、航空公司、空中管制、军方）。GIS作为整个机场建设改造管理系统的桥梁，它担负着信息采集汇总、分析处理和媒介的职责。其基本功能主要表现在：

1）采集功能：从各类信息中按规定、按要求提取数据，完成对静态信息和动态信息的分析与确认，并保证数据的准确性、大众认知性、时效性。

2）分析编制功能：根据系统的功能要求和内在联系，对采集来的信息在一定的准则下加以归纳、分类、统计、比较，细化出深层次的信息，以用于机场建设辅助决策。

3）显示功能：按各类机场建设具体的要求，以规定的方式向其传输所需信息、图形、指令和图像等。

2. 目前以GIS为桥梁的机场建设改造也存在着一些问题，主要体现在以下两个方面。

1）建设改造过程中要求GIS能够实时采集、分析、显示数据用于建设管理（如决策、指挥、调度和管理等）和信息发布，从而对GIS提出了极强的时效性的要求。

2）部分地理信息基础数据不完善，前期规划设计是需要统计量较大，同时还要进行大量分析比较，影响后期机场建设的有效执行。

上面浅析了基于GIS与机场建设相结合问题，建设的最终目的是可达到环境友好型、能源节约型的数字机场和绿色机场，但其主要功能及细节问题的解决还有待进一步深入分析。

四、地理信息系统与机场建设相结合的发展方向

在这方面，已建成的上海虹桥国际机场为我们展现出一个初步模型，上海虹桥国际机场在设计和建设过程中利用了部分地理信息系统和数字化施工管理构建了初步的信息平台。最终将机场、火车站、地铁站、公交枢纽、酒店住宿、物流运输、配套等设施的运行和使用进行了结合。

而目前已开始建设的北京新机场工程在可行性研究和规划设计过程中就充分预计到地理信息系统在机场建设中的辅助作用。提前预估了前期建设与未来使用的结合方案、京津冀一体化的区域发展需求等，并在北京新机场工程规划设计中设想了建设过程采用地理信息系统和数字化建设管理的最优方式。从前期招标时就对设计、施工、监理、检测试验、设备仪器采购等提出了信息化的工作要求。因而对整个北京新机场建设而言，已充分考虑了这种新技术、新管理方式的应用和具体方案，确保利用逐步数字化的建设方式建成绿色机场，进一步做到北京新机场便捷性、集成性、联动性的相互统一。

综上所述，参考机场特点和建设需

上海虹桥国际机场

北京新机场

求，地理信息系统在机场建设中的应用宜包括过程采集系统、工程质量监控系统、人员和进展显示系统、预警系统以及后续的联运（航空、铁路、公路）管理系统、控制系统、后备保障等系统的控制等。以此来看规划设计数据和实时信息收集是GIS在机场建设应用中的最基本要素，也是连接各方面的桥梁。通常把信息划分为两类：即静态信息和动态信息。静态交通信息是指机场建设相关参数、方案、天气、环境、地理地质情况以及人员组织等随时间变化较小的信息，它又可以分为实时数据和历史数据。动态信息主要指各类实时采集到的不断变化的信息，如工程进展实时信息、人员动态、位置信息、事故信息、突发信息等。应用GIS可对以上所有数据进行采集管理。针对工程参建各方和相关单位对信息要求的特点编制信息数据库，通过互联网络与专用式数据网构造GIS平台，对各类数据的实施和应用进行调配发布与管理。

五、地理信息系统在未来机场建设和运行中的作用

国内民用机场因其所处地位和现有条件特殊性，具有信息量大、情况复杂、安全性要求高等特点。从现阶段来看，机场建设和运行过程中需要将这些要求不同、来源不同、类型不同的大量信息融合在一起，从中分析提炼出具有明显特征的更深层次的民航专用信息（例如：建设施工过程实时显示、机场建设过程中的数字化施工管理、机场运行过程中的综合管网管理系统），并最终会在管理决策得到应用、实际运营口产生效益、安全控制中发挥作用。随着GIS在各机场建设过程中的不断深入应用，目前国内一些主要枢纽机场和大型机场的建设管理部门开始着手构建综合建设地理信息系统，目的都是来提高自己的建设效果和未来的运输管理及服务水平。通过GIS可更有效勾画出建成机场的三维地理模型，将所需的要素信息与已建成三维模型的具体区域相关联，最后再将所在城市交通路网的三维模型叠加进去，可构筑成未来的机场及周边交通模型。通过这种模拟或仿真智能系统的运作，可以检验建成后使用的机场和规划是否可以满足实际要求，同时通过各参数的调整，得到后续及机场改造的最佳方案。

另外，如果在机场建设过程中各参建单位所搭建的GIS平台比较完整，就可以在目前的条件下，结合机场建设与项目管理现有的特点和未来需求虚拟演示多种建设方案，对于以后机场的建设改造和作为其他类似机场的建设模型有着较好实践作用。

六、结束语

因此，可以设想在国内主要枢纽机场和大型机场的建设中辅助使用GIS可以为机场建设提供进一步的便捷实用方案。作为民航机场建设而言，采用这样先进且日趋成熟的技术和监控手段，既可以拓宽建设业务范围、提升优化建设过程，又可以结合民航专业优势转化为看得见的效益，进而推动整个机场建设与运行的进一步发展与整合。

在预制（PC）装配式楼梯安装过程中的监理控制要点

浙江子城工程管理有限公司　曹胜

摘　要：加快绿色建筑相关技术研发推广，大力发展绿色建材，推动建筑工业化。而以"标准化设计、工厂化生产、装配化施工、一体化装修和信息化管理"为主要特征的建筑产业化则是实现"绿色建筑"的核心渠道。

关键词：建筑工业化、预制（PC）装配式楼梯、前期准备、方案审核、材料进场、吊装前准备、吊装过程控制、安全管理

绿色建筑是指在建筑的全寿命周期内，最大限度地节约资源（节能、节地、节水、节材），保护环境和减少污染，为人们提供健康适用和高效的使用空间，与自然和谐共生的建筑。2013年，国务院颁发1号文件《绿色建筑行动方案》，明确提出"加快绿色建筑相关技术研发推广，大力发展绿色建材，推动建筑工业化"，并将大力推动建筑工业化列为国家十大重要任务之一。"绿色"是人们对建筑产品的最终要求，而以"标准化设计、工厂化生产、装配化施工、一体化装修和信息化管理"为主要特征的建筑产业化则是实现"绿色建筑"的核心渠道。

基于以上目的，国家及地方出台了各项政策鼓励实施建筑工业化。部分企业响应国家号召已率先启动建筑工业化，其中以万科、远大集团为代表。建筑工业化的优点是：预制构件全部在工厂流水加工制作，产品规格统一，偏差小精度高，构件强度高、观感优美。

目前国内建筑产业化还出于起步阶段，在住宅工程中实施较多的是工程框架或剪力墙结构施工采用传统施工方法，楼梯为预制（PC）装配式混凝土结构，并且普遍采用的是楼梯平台现浇，梯段预制的方法。

本文中就预制（PC）装配式楼梯安装过程中的监理控制要点做一个较全面的叙述。

一、前期准备

在工程开工前期，监理项目部应仔细查阅图纸，了解设计意图；参与设计交底及图纸会审，明确预制（PC）装配式楼梯的设计参数要求；会同建设、施工单位对预制（PC）装配式楼梯生产厂家进行考察，排除技术力量及其他满足不了工程需求的生产厂家。

二、方案审核

确定预制（PC）装配式楼梯生产厂家后，监理项目部应仔细审查施工单位上报的厂家资质及预制（PC）装配式楼梯的现场安装方案。厂家资料中，监理应检查厂家的生产资质、实验室资质及其他第三方的检测资料。而对施工单位的预制（PC）装配式楼梯的现场安装方案，监理检查内容较多，包括材料进场计划、材料进场路线及堆放、安装进度安排、吊机或塔吊的起吊荷载验算、安全管理、吊装的质量控制等。

三、材料进场

在施工过程中，监理应根据现场进度，及时提醒施工单位组织预制（PC）装配式楼梯的进场。现场材料堆放场地应平整，并最好位于（塔）吊臂的工作

半径内。

预制楼梯进场后，监理应检查预制（PC）装配式楼梯的出厂合格证、原材料的试验报告，其中包括水泥、黄砂、钢筋、混凝土外加剂及预制楼梯出厂混凝土试块强度报告等；并在检查资料时同时检查预制楼梯的外观质量，核查尺寸，并察看有没有出现露筋、空洞、裂缝等现象，当发现有水平断纹时，应立即将之退场，不得使用。对预制楼梯的混凝土强度也应进行检查，如回弹法。与其他建筑构配件进场要求一样，监理应严格要求施工单位履行报验制度，不得将验收不合格的产品用于工程中。

四、吊装前准备

吊装质量的控制是装配式结构工程的重点环节，主要控制重点在施工测量的精度上。为达到构件整体拼装的严密性，避免因误差超过允许偏差值而使构件无法正常吊装就位等问题的出现，监理应对所有吊装控制线进行认真的复检。吊装前监理应监督施工单位做好以下工作：

1. 对预制楼梯所预留的插筋或企口，监理应在隐蔽验收前仔细核对轴线及模板尺寸。在现浇结构浇筑时，应重点关注该部位的浇筑情况，发现偏差立即调整。

2. 楼梯构件吊装前必须根据构件不同形式和大小，选择合适的钢梁、螺栓，制作及调整好吊具，如起吊扁担。这样既节省吊装时间又可保证吊装质量和安全。

3. 楼梯构件进场后根据构件编号和吊装计划的吊装序号在构件上标出序号，并在图纸上标出序号位置，这样可直观表示出构件位置。构件编号一般可采用楼号、楼层、梯板号，这样容易让人识别，便于吊装工作和指挥操作，减少误吊概率。

4. 楼梯构件吊装前下部支撑体系混凝土强度必须达到吊装要求，同时测量并修正压顶标高，确保与梁或板底标高一致，便于楼梯构件的吊装就位。

五、吊装过程控制

1. 吊装前要根据构件吊装的难易程度和吊机的数量安排合理数量吊装工进场。吊装工进场后要先熟悉吊装程序和吊装环境，了解吊装的构件形式和每种构件吊装方法并对吊具进行整理，然后进行上岗培训。为确保PC构件厂家预制质量及现场顺利安装，监理应要求在第一次吊装前，PC构件厂派遣技术监督员对施工单位进行现场的操作指导及监督。

2. 楼梯构件吊至离地面20~30cm，监理应要求施工单位测量水平，并采用葫芦将其调整水平。这样有利于构件吊装到位时，上下支撑体系受力均匀。

3. 楼梯构件吊至预安装部位上方30~50cm后，调整构件位置，使平台锚固筋与构件固定处相对应，板边与控制线基本吻合。

4. 楼梯构件就位时应根据已放出的楼梯控制线，先保证楼梯两侧准确就位，再使用水平尺和葫芦调节楼梯水平。安装过程中，不得碰撞两侧砖墙或混凝土墙体。

5. 如采用的是后浇平台的方法，楼梯构件吊装就位后，应调节支撑立杆，确保所有的立杆受力。

6. 楼梯构件吊装就位时，结合部位可使用与结构等标号或更高标号的微膨胀混凝土或砂浆。结合部位达到受力要求前楼梯禁止使用。

7. 楼梯安装后，监理项目部应及时要求施工单位将踏步面加以保护，避免施工中将踏步棱角损坏。

以上是预制（PC）装配式楼梯吊装安装的工序流程，监理在这个过程中应全程监控。

六、安全管理

在预制（PC）装配式楼梯吊装过程中，监理应加强安全管理，督促施工单位做好以下事项：

1. 工人进场后必须结合经监理项目部批准的吊装方案进行有针对性的安全教育，每天吊装前必须进行安全交底，严格遵守现场的安全规章制度，正确使用安全带、安全帽等安全工具。

2. 吊装前必须检查吊具、钢梁、葫芦、钢丝绳等起重用品的性能是否完好。在梁、板上提前将安全立杆和安全维护绳安装到位，为吊装时工人佩戴安全带提供连接点。

3. 在吊装区域、安装区域设置临时围栏、警示标志，临时拆除安全设施（洞口保护网、洞口水平防护）时也一定要取得安全负责人的许可，离开操作场所时需要对安全设施进行复位。禁止人员在吊装区域下方穿越。

4. 特种施工人员持证上岗。构件起重作业时，必须由起重工进行操作。吊装工进行安装。绝对禁止无证人员进行起重操作。

以上是预制（PC）装配式楼梯安装过程中的监理控制要点的简要描述，希望能对各位同仁们有所帮助。

建筑行业转型发展中的与世界接轨

武汉工程建设监理咨询有限公司　周国富

> **摘　要**：根据作者在香港工作经历，把香港工程建设管理与内地建筑管理实际对比，阐述了在当前建筑行业转型发展与世界接轨的思路、建议。
>
> **关键词**：行业　管理　对比　接轨

我国建筑行业现正处在转型发展之中，怎么转，往哪转，一是争论纷纷，往哪转都有问题；二是"顶层设计"，逐步在调研、制定、试行，实际上，我认为这应该是个很简单的问题——"与世界接轨"！

"与世界接轨"从改革开放到现在，宣扬了40多年，有些事接轨了，社会发展了；"还有些事以'中国特色'为理由，被"念歪了经"。

本人在香港工作两年，通过香港这个"窗口"，接触了一些"外来世界"，让人深切感受到当初为什么提出"要与世界接轨"。

一、与世界比较

（一）公司注册

无论你想进入哪个行业，在香港注册公司是很容易的事：一是注册资本一万元起步就可以（你想生意做大且让别人相信你，你就加大注册资本）；二是公司的名称；三是真实有效的董事/股东资料；四是公司法定秘书。

武建集团与香港公司联营组建成立了一个建筑公司并成功注册，就这么简单。

而在大陆注册一个建筑公司，除了需要提供比以上多得多的资料外，还要提供注册资金和注册房产（容易产生造假）。最关键是需要一定数量的技术人员，尤其是规定的注册人员。这就造成了：1.挂证（容易造成有证的人不能上岗，没有证的人上岗顶角）；2.增加企业负担（挂证费用）；3.不能形成良性循环（有证人之间形成不了技术能力竞争）。

（二）招标投标

1.招标形式

（1）公开招标

公开招标是公开面对任何希望能承包该项目的承包商。通常是通过在报纸上登载广告和利用建造业的宣传刊物来吸引有兴趣且具备资格的建造商参与竞投。公开招标的缺点是浪费许多评估时间。相对来说，申请者越多，不中标公司的补偿也越多。这些费用是由业主所承担的。

（2）有限招标

业主通常考虑到承包商的经济和施工能力，才决定授标，承包商的报价更能反映出工程实际情况和它的管理水平。香港建筑处有一份认可的注册建筑商的名单，并将这些建筑商按照其规模、经济状况和长时期的考评结果来分类，共有甲、乙、丙三个级别。甲级可承揽2000万港元以下的工程项目；乙级可承揽5000万港元以下的工程项目；丙级可承揽任何规模的工程项目。在香港政府项目上，按工程规模由同等级别公司进行招标。

我们是用在香港得到丙级（最高等

级注册建筑商）认可"广东水利"的牌照投的标。

（3）协商招标

业主和承建商就工程项目通过双方协商能快速达成一致的协议。协商的方式不一，业主可以直接和指定的一家承包商进行协商，也可选择几个承包商分别商讨合约概要，并经过对比选择最合适的一个来承建。这种招标方式用于私营业主或政府独特的紧急的工程，缺点是工程造价相对于其他两种招标方式最高。

2. 投标方式

（1）押金

业主根据测量师测算的底数，要求投标方全额按底数交施工赔偿押金（中标方在施工过程中，中途若退出，扣除已完成底数部分价值押金由政府没收，未完部分由原投标第二名按投标价继续完成）。

我们参加投标的是"香港湾仔、中环污水处理场"（底数8000万港元），公司没有那么多钱，只好用香港老板关系——香港"沿海物业"的一层办公楼作8000万港元作的抵押，才有资格参加投标。

（2）标书

标书制作说起来简单：就一个信封，里面装的一张纸，上面打印一个数字："投标价"，并签上法人代表的名字，多简单！但这个数字却来之不易：香港没有造价部门，没有预算本，全是市场价——不是关起门能做预算的，首先按设计图计算各种材料的量、各工种人工工日数，等等，再到市场上去询材料价、人工价……综合各项税、费，考虑你让多少利才能做得下来、估计别人的投标价，最后决定信封里的那个数——"投标价"。

反观大陆，存在花钱找关系、制作厚厚的标书（浪费资源）、参加程序复杂的投标审核（浪费时间）等问题。

（3）投定标

投标那天，大家带着"信封"，按时交给招标人，到点按顺序在监督人监督下，开封读投标价，大屏幕上马上显示出来，你核定无误后签字认可。最低价三名"预中标"，回家三天，再来报一次，最低中标。开标定标，就这么简单，谁也做不了"笼子"。

咱这儿投标、定标太麻烦，投标前的"操作"（要经过招标办、交易中心、评委、业主、招标代理等的"耐心熟练"的"操作"）——投标——专家评审（有的评委操作）——公示——宣布中标，等等，这个过程充满了"程序不规范"引起的"过程腐败"。

有人担心"最低价中标"引起施工过程"扯皮"，香港不会，一是押金在那儿（我们中标的工程在做到钻孔灌注桩一半时估算要亏100万，想退出，但若退出则损失2000万，你敢退吗？）二是你被记录在案，"广东水利"牌照降级。

3. 工程合同

中了标后就开始谈合同。

实际上合同统一按FIDIC条款编制的标准合同，全世界大多数国家都采用这个标准。合同有300多页，现场所有事项全编了进去：例围墙多高、使用什么材料、上面写什么、什么颜色；门口冲洗槽多大、多深、水龙头压力多大……应有尽有，要多细有多细！连施工图前三页（都是英文）都是与本工程无关的房屋拆除时钢丝绳系的位置、多大的角度，等等都附上了。也就是我管理部门什么都告诉你了，请你注意。

所以合同谈判很简单，没有多少额外要加的"不平等条款"！

（三）注册工程师

1. 定了标后，业主要到"工程师学会"去指定与工程相同专业、等级匹配的"注册工程师"，并谈好价格签好合同，并通知承包商。注册工程师对业主负责，政府屋宇署只认他的签字才有效。上道工序注册工程师签了字后，承包商才能开始进行下道工序的施工（实际上工程质量完全由业主聘请的"工程师"所控制，你想"偷工减料"都不可能，工程师要为他自己的前程考虑）。

2. 工程师达到以下五条，你才有资格上岗工作。

（1）英联邦国家学校本科毕业；

（2）现场工作7年；

（3）参加资格考试；

（4）已注册工程师签字；

（5）工程师学会注册。

香港公司有一位已过前三关的技术人员，卡在第四关，没有注册工程师愿意为他担保签字。这要在我们那儿不会是问题，于是我帮他出主意："送点钱给我们项目上请的张工。"他告知："张工认为我在现场七年，多数时间与材料打交道，技术能力差了。怕我以后出了差错他是要受到牵连的！"

张工每周来两次，月薪8万，一人兼4个项目，一个月近30万！而过了三关的一月才4万，还要天天上班。这就是一般技术人员与注册工程师的差距。但是他们的责任差别也很大：张工从低级别爬到如今这个高级别整整花了近二十年，而且从没有出过差错。

3. 考核

张工是土建工程师，香港工程师有

16个界别（专业），经常接受考核和参加考试，不像我们这儿一次考取资格或一次评定职称而可定终身！

张工负责我们现场材料和工程质量验收签证工作，每次一来就投入工作：不是查看资料，就是检查工程质量，每个工序、检验批查验非常严格，经常顾不上喝水、吃饭，生怕出事，一出事他就会上"黑榜"记录在案，年度考核不合格，明年就会降级。这个钱也是靠自己的努力奋斗来的，也不是那么好赚的，难怪他不愿意为自己认为达不到水平的人签字担保，我们错怪他了！

（四）施工管理

1. 各负其责

香港的管理人员一部分在总部办公室，一部分在现场办公室，他们的职责分得非常细，各负其责。一般不开会，各自独立处理。互相联系都是文来文去，极少口头联系。

办公室里从不扯闲话，大家都埋头工作，接电话声音都很小。不鼓励加班，加班没人帮忙，是没有用的表现。

2. 工程质量

现场工程质量由业主指定的注册工程师负责，材料质量由材料商负责交试验所检验（材料工程师签字合格了才能售出），混凝土的质量由供应商（搅拌站）负责，我们其他的现场管理人员主要负责除这三项外的所有组织、协调、安排等工作。

每当完成一层楼，打一个电话到屋宇署通知他们，他们派人第二天到现场对混凝土回弹检测（由他在现场随机选择）。工程全部完成后，注册工程师整理所有检测证明全部合格，签署竣工验收证明后，全部资料送一套屋宇署备案（包括竣工图）。

3. 安全文明

安全管理规定很严格，例如孔洞超过2m深，如要下去工作，规定每个人不超过两小时，而且要请救护车现场待命。

安全是施工企业的事，如果死了人，一是按规定赔偿，赔偿金很重，有争执到法院解决。二是建筑处备案，考核扣分。对你单位下一年投标、升降级都有影响。

现场的噪声、灰尘、污水、污泥、砍树等只要有投诉并查实，都要扣分。

4. 现场治安

我在新界粉岭一个住宅工程工作时，一天来了三个像混混的青年人，意思是要保护工地，实际是想收"保护费"。我们马上报了警，警察来后提了三个条件：一是发个牌允许便衣警察能进工地，二是再来了要指认，三是抓住后做个笔录。其他什么都不要我们管。三天后混混一出现马上抓住，从此太平。

（五）企业考核

办个建筑企业牌照简单，光有钱抵押还不行，还要按以上程序先只在"公开投标"和"协商招标"中投小工程的标，积累业绩（包括不能犯错扣分），慢慢争取升级和进入"公共工程许可承建商名册"，逐步发展壮大。

香港把建设工程分为政府工程和私营工程两大类。两类工程分属不同政府部门按不同管理模式进行管理。屋宇署负责政府工程中的公共房屋和私营工程的设计审查、施工监管、竣工验收、楼宇使用及维修监督等工作。

政府工程的许可承建商制度——政府工程除个别特殊情况外，一般只邀请"公共工程许可承建商名册"内的承建商参加投标。私营工程招标也多借鉴该"许可名册"当中的承建商参加投标。

为了客观、公正地评核承建商在履行工程合同期间的工作表现，发展局制订了一套科学合理的评核办法。评核内容由工作素质、进度、地盘安全、环境污染管制、组织、一般责任、工业意识、资源、设计、处理紧急情况等10个项目组成。评核工作由政府各工程管理部门负责，从工程合同开始每3个月评核一次，直至工程完成并取得保养期完结证明为止。每次的评核报告均作为重要资料，由负责评核的工程部门直接通过电脑网络录入发展局的"承建商管理资讯系统"。对工作表现欠佳有违反规定的承建商扣分、降级直到取消"许可"。

所以企业要想发展，必须从小工程干起，几年干得好而且不违规，争取进入"公共工程许可承建商名册"，逐步发展，干更大的工程。所以要想发展快，不是通过多找几个"注册人员"、多注资、多干几个工程就能升甲级、特级。而是多干工程、干好工程、考核不违规，这样才能升级、才能逐步干大工程！不光要干得多，最重要的是干得好，企业才能发展！

二、与世界接轨

企业转型不只是企业的事，既然要转型还涉及方方面面，尤其是需要"顶层设计"。

"公车改革"改了多少年，为何成效差强人意，就是你让那些"既得利益者"去负责改革，不可否认这些人中，有的在河里"摸石头，摸上了瘾，就是不过河"，他们在"浑水摸鱼"。

很多方面"与世界接轨"也一样，这么多年被"摸混了水还上不了岸"——还没有"接上轨"的方面，只有依靠"顶层设计"了!

建筑行业同样有许多需要"与世界接轨":

1. 清理法规

目前很多法规、规定、要求要么标准过高，难以落实，诱人造假；要么不切实际，不了了之；要么标准太低，等于白定；要么就是该有的却没有。

要想接轨，把世界上先进国家的范例拿出来，大家讨论，行业人大代表监督，最后形成切实可行的法规。再把职责划清，实施中谁检查、谁监督。

2. 清理职业资格

现在国务院已清理了三分之一，还远远不够。在建设领域，香港只有测量师和工程师两种，我们却搞出了十几种! 同样用"清理法规"的办法清理原来部门利益造出来的"怪胎"。

3. 清理企业资质规定

（1）企业注册简单化

不要那么多规定，像香港那样四项即可，准入放宽，过程严格考核。

（2）取消职称评定

现在职称评定成了形式，也是做假和腐败的灾区。"一次评定，终身受用"，严重助长了专业人员不注重平常的工作努力，而注重一时的造假!

（3）实行"个人执业 行业管理"

注册人员不在企业注册，工程师不是企业所有，企业无需花钱养证，也没有挂证现象。这促进了注册工程师对业主负责，处处认真工作，不为企业私利而造假影响质量；还会努力提高技能，多干工程多积分，不然就会被淘汰——工作能力不强，没有人请，就没有工资。

行业注册，根据你干的工程的大、小、多、少，根据你管理的工程的好、坏，出现过多少违规等，来评定你的能力、档次，给业主参考，决定聘否和工资待遇。

（4）逐步发展

新注册企业从小、简单工程干起，干好工程，让企业通过努力，一步一步扎扎实实发展，投机取巧就没有市场。

4. 改变招投标规则

本人参加了香港国际通用的招投标，本人也是1998年武汉开始公开招标时的第一批专家评委一直参加至今，深知其中随时间变迁的"潜规则"，相比较，香港的"国际"值得"照搬":

（1）投标许可

私营工程可采取"公开招标"和"协商招标"。而国有资金项目，像香港一样，采取"有限招标": 根据承包商的经济、施工能力和管理水平，注册建筑商的名单，并将这些建筑商按照其规模、经济状况和考核评定分类和级别，并按工程规模由同等级别公司进行招标。

（2）押金

经过30多年的发展，内地的建筑企业已壮大起来。现在实行按工程投资规模等额投标、施工保证押金，一是解决"打牌子"问题；二是解决"低价抢标，高价索赔，没钱干不下去"等问题；三是重大安全、质量、环境等事故的处理好办了。

（3）低价中标

这是最简单和公平的，一是杜绝腐败；二是节约资源，减轻企业负担；三是你的工程押金在那儿，不能轻易撂挑子。如果撂挑子，没收已干工程投资并赶出工地，备案、降级、踢出注册名单。你要不想混了才敢"扯皮"，所以在香港还没有发生过这种事。

5. 改变建设管理部门管理方式

（1）建立注册人员考核平台

考虑到内地企业行业协会暂时没有权威，可由管理部门建立"注册人员考核平台"，协会协助制定考核规定，由管理部门严格考核。

（2）建立企业评核平台

①建立企业评核平台，制订一套科学合理的评核办法。评核内容由工作素质、进度、现场安全、环境污染、组织、一般责任、工业意识、资源、设计、处理紧急情况等多个项目组成。

②与其他管理部门联动，负责管理街道卫生部门一发现街道有工地带出泥渣，立即与建管部门通报，由该部门启动核实机制并查证备案。

③取消上下管理部门对企业的抽查和"黑名单"制度。现实中每次组织对企业的抽查中，都要查出一些'问题'（本人也多次代表部门抽查），于是就上"黑榜"。而各地为了接受抽查总是将大企业、搞得好的企业推出来受检，每次恰恰就是这些企业"中招"!

抽查制度还是要，但上级抽查的对象改为下级行政管理部门的工作: 一是建立了企业评核平台没有；二是对发现的问题查证落实了没有；三是根据平台每季度对企业按时评核了没有。这样让企业真正会感受到无时无刻的压力，让企业在压力中努力把工作干得更好，争取得到更大的发展!

以上是本人在香港这个"世界窗口"所见、所闻和亲身经历以及在大陆工作几十年的感受和思考。以上虽然讲的大多是建筑行业施工单位的对比和"接轨"，但其他如监理行业也大同小异。

以上情况有些可能需要"顶层设计"，有些可能靠协会努力去"鼓"与"呼"。

正因为现处在企业转型发展之际，把这样的想法写出来，是想供大家共同思考。

生活垃圾焚烧发电厂试生产阶段环境监理要点分析

环境保护部华南环境科学研究所　黄道建　陈晓燕

摘　要： 生活垃圾焚烧发电厂作为公众重点关注的焦点项目之一，非常有必要开展环境监理工作，从而有利于消除污染隐患、降低环境风险、化解环境纠纷。本文主要论述了生活垃圾焚烧发电厂试生产阶段环境监理工作程序及主要内容，对生活垃圾焚烧发电厂试生产阶段环境监理的各个要点进行了剖析，力求使生活垃圾焚烧发电厂试生产阶段环境监理具有可操作性和合理性，以期为相关环保工作人员开展生活垃圾焚烧发电厂环境监理提供技术指引。

关键词： 生活垃圾焚烧发电厂　试生产阶段　环境监理　要点

生活垃圾焚烧发电厂是指以焚烧方法处理生活垃圾，并利用焚烧产生的余热进行发电，最终达到减量化、资源化、无害化的工程项目。生活垃圾焚烧发电厂主要包含三大系统：垃圾焚烧及烟气处理系统、余热发电系统、垃圾渗滤液处理系统[1]。

对生活垃圾的处理主要有填埋、堆肥和焚烧3种，但填埋及堆肥均需要占用大量土地，且垃圾减量化程度低，因此人口密集城市越来越多地把占地面积小、处理量大、减量化好的垃圾焚烧厂作为生活垃圾处理的首选[2][3]。2012年初发布的《中国城市生活垃圾行业投资分析报告（2012）》显示，据不完全统计，1998~2012年3月，我国垃圾焚烧发电项目市场的累计投资总额为1469亿元，共449个项目。上海市环境工程设计科学研究院、上海环境卫生工程设计院院长张益的调查结果显示，到2015年，我国的垃圾焚烧电厂还将增加384座，届时日焚烧能力将达到约31万t/日，这一数字占到我国全部垃圾量的25.6%。随着我国垃圾焚烧建设项目数量的明显上升，环境监管任务日益繁重，该类型项目全过程环境管理问题也日益突出。

与普通的燃煤发电厂相比，生活垃圾焚烧发电厂的环境影响具有其特殊性。生活垃圾焚烧过程不仅产生二氧化硫、氮氧化物、烟尘等常规污染物，还产生酸性气体（HCl、HF）、二噁英（TEQ）、重金属（Hg、Cd、Pb）等[3]。此外，垃圾渗滤液、恶臭气体以及属于危险废物的飞灰也是生活垃圾焚烧发电厂特征污染物之一。垃圾焚烧过程中产生的二次污染问题备受公众关注，焚烧过程中产生的废水、废气、固废特别是废气中的二噁英能否做到长期稳定达标排放，是关系到垃圾焚烧能否广泛应用于城市生活垃圾处理的一个重要问题。近年来国内爆发了多起反对生活垃圾焚烧发电厂的群体性事件（联名反对、上访等），主要原因是现有生活垃圾焚烧发电厂建设、运行信息不够透明，在实际建设和运行过程中，个别生活垃圾焚烧发电厂亦确实存在不遵守国家相关技术标准、施工建造过程偷工减料的情况，导致缺少完整可信的运行监测数据，焚烧质量难以保证[4]。通过实施生活垃圾焚烧发电厂环境监理，能确保环评提出的各项环保措施在执行中得到严格执行和落实。更重要的是，会对消除污染隐患、降低环境风险、化解环境纠纷，在确保项目按相关环保要求进行建设和建成后正常运行的同时，保证最终顺利通过竣工环保验收。

环境监理工作在我国环境管理领域是一种新的管理方式，目前尚处于起步阶段，生活垃圾焚烧发电厂项目的环境监理更是鲜有实施。生活垃圾焚烧发电厂环境监理一般包括设计、施工和试生产（运行）三个阶段，本文主要论述了试生产阶段环境监理工作程序及主要内容，以期为相关环保工作人员开展生活垃圾焚烧发电厂环境监理工作提供技术指引。

一、开展生活垃圾焚烧发电厂环境监理的工作依据

开展生活垃圾焚烧发电厂环境监理的工作依据包括国务院第253号令《建设项目环境保护管理条例》、国家环保总局令第13号《建设项目竣工环境保护验收办法》《生活垃圾焚烧处理工程技术规范（CJJ 90-2009）》《生活垃圾焚烧污染控制标准》（GB 18485-2014）、项目环境影响评价文件及其批复、项目环保设计文件（即在环保行政主管部门进行备案的建设项目环保设计图说、工程设计文件中的环境保护专章）以及工程环境监理合同等。

二、生活垃圾焚烧发电厂试生产阶段环境监理工作程序及主要内容

1. 试生产准备阶段环境监理工作程序

对于生活垃圾焚烧发电厂环境监理来说，试生产阶段的主要工作就是协助建设单位进行竣工环境保护验收。其工作程序包括：

1）组织初验

首先，承包商在工程完工、竣工文件编制完成后向环境监理工程师提交初验申请报告；其次，环境监理工程师审查初验申请报告无误后，会同建设单位、承包商、设计单位对工程现场和工程资料进行检查；最后，环境监理部召集初验会议，讨论决定是否通过初验，并向建设单位提出工程环境初验报告。

2）协助建设单位组织验收

在完成初验后环境监理部需协助建设单位准备好竣工环境保护验收所需各种资料；建设单位则按程序向环境保护行政主管部门提出申请，进入竣工环境保护验收程序。

3）编制工程环境监理报告书

除协助建设单位进行竣工验收外，环境监理部还需编制环境监理报告书，其主要内容应包括：项目概况。监理组织机构及工作起、止时间，监理内容及执行情况、项目环保分析等。

此外，环境监理部还应在环境监理合同规定的时间内向建设单位提交全部环境监理竣工资料，主要包括：环境监理大纲、环境监理方案、环境监理实施细则、各种往来文件和函件、环境监理备忘录，各种通知书、停（复）工令，各种会议纪要、环境监理月报以及工程环境监理报告书等。

2. 试生产准备阶段环境监理主要内容

试生产阶段的环境监理是针对建设项目开始试运行到完成环境保护竣工验收为止这一阶段环保"三同时"、运行负荷达70%以上工况条件下环保设施运行情况和效果、环保措施的落实情况、环境制度的制定和落实情况、污染物达标排放、生态保护措施及生态恢复所进行的督促和检查。

由于生活垃圾焚烧发电厂项目有别于生态类影响项目以及其他工业类项目，

本次研究主要根据我国现有的关于垃圾焚烧发电厂的相关法律法规及标准，并结合笔者团队长期从事垃圾焚烧发电厂项目环境影响评价、监督监测及跟踪评价工作积累的经验，整理出了生活垃圾焚烧发电厂试生产阶段关注的重点内容，生活垃圾焚烧发电厂试生产阶段环境监理内容主要包括以下这些方面：

1）监理废气、废水、噪声等污染物的排放情况

（1）核查焚烧炉性能检测报告，记录焚烧炉型号、运行工况、生活垃圾入炉量及成分、烟气处理系统设备型号、吸附剂及脱硫、脱硝剂用量、烟气在线检测数据等，并做好烟气处理设施调试记录，在稳定工况下取样检测SO_2、NO_x、颗粒物、HCl、二噁英、汞及其化合物（以Hg计）、镉、铊及其化合物（以Cd+Ti计）以及锑、砷、铅、钴、铜、锰、镍、钒及其化合物（以Sb+As+Pb+Cr+Co+Cu+Mn+Ni+V计）等，结合《生活垃圾焚烧污染控制标准》（GB 18485-2014）的相关要求，对相应指标按小时均值、24小时均值及测定均值进行判断，确保烟气排放能够满足环境影响报告书及批复文件要求。

（2）记录生活垃圾卸料大厅贮坑及生活垃圾渗滤液收集池风机型号、运行工况，对厂界无组织排放监控点中氨、硫化氢、甲硫醇和臭气浓度等进行监测，确保上述指标符合环境影响报告书及批复文件要求。

（3）记录废水来源、产生量、在线检测数据等，并做好废水处理设施调试记录，取样对废水中COD、BOD5、NH3-N、TP、重金属等进行检测，确保经处理后的废水满足环境影响报告书及批复文件要求。另外，若采用二次循环冷却，需对冷却塔下排水口进行取样检测[5]。

（4）检查工程采取的降噪措施和降噪效果，重点关注排气筒及冷却塔的降噪措施，对厂界及周围敏感点进行声环境质量监测，确保噪声达标排放。

（5）对飞灰固化体的浸出液进行检测，检测项目包含含水率、各类重金属等危害成分浓度，分析固化后的飞灰是否能够满足GB 16889-2008生活垃圾填埋场污染控制标准要求。

2）核查污染物排放的总量情况

通过分析在线监测、现场监测数据，核查各类大气污染物、水污染物、固体废弃物是否符合排放总量的要求[4]。

3）各类在线监控设备使用状况

监理焚烧炉运行状况在线监测系统（至少包括烟气中一氧化碳浓度和炉膛内焚烧温度）、焚烧烟气自动连续在线监测系统（至少包括一氧化碳、颗粒物、二氧化硫、氮氧化合物和氯化氢）、排烟主要污染物浓度显示屏、渗滤液处理设施自动在线监测系统以及工业电视监视系统是否能正常使用。

4）核查环境监测计划的落实情况

依照《关于进一步加强生物质发电项目环境影响评价管理工作的通知》（环发[2008]82号）要求，生活垃圾焚烧发电厂投产前，需要进行大气、土壤二噁英环境本底监测[5]。同时，需按照环评文件及其批复以及相关环保法规制定相应合理、可行的环境跟踪监测计划。

5）核查生态恢复效果

核查包括临时占地的生态恢复效果、厂区内景观和绿化工程、水土保持措施落实情况等。核查是否设置绿化隔离带及实际宽度是否大于10m，核查厂区总的绿地率是否超过30%。

6）拆迁安置落实情况

核查项目环境防护距离范围内（不小于300m）的居民区以及学校、医院等敏感保护目标的拆迁安置落实情况，上述环境防护距离范围内的敏感点须在项目试生产前全部拆除，完成敏感保护目标搬迁安置等问题。

7）公众参与整改承诺落实情况

核实企业在环评阶段及项目施工期间公众反映问题的承诺整改措施是否落实到位。

8）"以新带老"执行情况

若项目属于改扩建工程，则需根据环评文件及其批复提出的相关"以新带老"措施落实情况进行跟踪，督促建设单位严格按照环评文件及批复落实好相关的"以新带老"措施，并取得环保主管部门的认可。

9）清污分流及雨污系统建设，以及厂外配套污水管网建设情况

核实企业是否建成"清污分流"及"雨污分流"系统。若企业渗滤液、一般废水及生活污水和初期雨水为经处理达到接纳污水处理厂纳管标准后进入城市二级污水处理厂处理，则在项目进行试生产前，要确保厂外配套污水管网建设完成，避免产生新的环境问题。根据《生活垃圾焚烧污染控制标准》的要求，若通过污水管网或采用密闭输送方式至采用二级处理方式的城市污水处理厂处理，在项目试生产阶段，须核实拟接纳项目渗滤液的城市二级污水处理厂能确保接纳渗滤液及车辆清洗废水总量不超过污水处理量的0.5%；城市二级污水处理厂设置有生活垃圾渗滤液和车辆清洗废水专用调节池。

10）飞灰处理处置情况

若企业飞灰经固化满足《生活垃

圾填埋场污染控制标准》（GB 16889-2008）后送至卫生填埋场填埋，则在项目进行试生产前，要确保接纳卫生填埋场有足够容积满足项目飞灰产生量，避免产生新的环境问题。若企业将飞灰委托其他单位处置，则需核查企业是否和相关单位签订危废处置合同、处置单位的资质及处理能力是否能满足项目需转移的飞灰量等。

11）垃圾运输优化情况

监理是否严格落实环境影响报告书中提出的运输路线，运输车是否做到密闭且生活垃圾渗滤液应配备防止滴漏的措施，是否落实对运输车辆的跟踪监管措施。

12）环境风险防范措施监理

（1）监督检查垃圾焚烧发电厂是否按照批复要求编制风险事故应急预案，应急预案中提出的环境风险事故应急措施是否得到落实，督促项目建设单位及时办理环境风险应急预案备案手续。

（2）重点关注生活垃圾渗滤液应急事故收集池的容量和防渗工艺是否和设计要求一致。核查企业是否建有专门的事故池，事故池容积是否足够容纳企业最大一次消防废水量（若企业使用液氨或者氨水作为脱硝介质，还需考虑液氨或氨水储罐的泄露量），雨水排放口需设置截流阀，事故池设置位置应有利于消防废水及泄露物料的收集。

（3）核实环境风险应急物资储备情况。

13）排污口规范化建设

核实企业是否符合原国家环境保护局和国家技术监督局发布的中华人民共和国国家标准《环境保护图形标志》排放口（源）（GB 15562.1-1995）和《环境保护图形标志》（GB 15562.2-1995）固体废物贮存（处置）场的要求。规范化设置废气排放口、废水排放口（若有）、固废临时贮存场所相应的环境保护图形标志牌。

14）采样孔及采样平台规范化建设

核实企业是否按照《固定污染源排气中颗粒物测定与气态污染物采样方法》（GB/T 16157-1996）的要求设置永久采样孔。核实企业是否按照《生活垃圾焚烧污染控制标准》（GB 18485-2014）要求，在采样孔的正下方约 1m 处设置不小于 $3m^2$ 的带护栏的安全监测平台，并设置永久电源（220V）以便放置采样设备，进行采样操作。

三、结语

通过实施生活垃圾焚烧发电厂环境监理，可以对生活垃圾焚烧发电厂进行专业化环境监督管理工作，使得项目实施全过程的环境影响都得到有效控制，对生活垃圾焚烧发电厂的试生产阶段环境监理能保证项目最终顺利通过竣工环保验收。生活垃圾焚烧发电厂作为公众重点关注的焦点项目之一，非常有必要开展环境监理工作，从而有利于消除污染隐患、降低环境风险、化解环境纠纷。目前我国的环境监理工作刚处于起步阶段，生活垃圾焚烧发电厂各个阶段的环境监理要点需结合项目所在地的法律法规、自然环境和环境监理实施情况等综合分析和整理，需要不断地进行完善和探索。通过结合更多的生活垃圾焚烧发电厂环境监理实践案例进行归纳总结，对生活垃圾焚烧发电厂环境监理各阶段的要点分析将会更加全面和实际，使得其更具有可操作性和合理性。

参考文献：

[1] 卢亚斌. 垃圾焚烧发电厂设备监理的实践[J]. 建设监理, 2007（4）: 52-55.

[2] 言惠. 垃圾发电-环境保护, 变害为宝[J]. 上海大中型电机, 2005（1）: 1-6.

[3] 吴云波, 杨浩明, 黄娟. 垃圾焚烧发电厂的危害与防治措施研究[J]. 环境科技, 2009, 22（2）: 115-117.

[4] 刘东, 李璞. 我国城市生活垃圾焚烧存在的问题与对策分析[J]. 生态经济, 2012（5）: 115-117.

[5] 杨凯, 朱庚富, 胡耘. 生活垃圾焚烧发电项目环境监理要点分析[J]. 山西建筑, 2013, 39（33）: 188-189.5

大型外资工程项目业主方设计管理工作的思考

上海建科工程项目管理有限公司　李俊

摘　要： 设计管理是工程项目管理的一个重要组成部分。对于大型外资工程项目来说，设计管理工作显得尤为重要。本文通过作者参与的某大型外资工程项目，从组织构架及沟通协调、设计标准及设计工作界面，对国内建筑市场及政策法规的理解三方面分析了业主方在设计管理工作方面所存在的问题，并且提出了解决相应问题的建议。

关键词： 大型　外资工程项目　业主方　设计管理

引言

近些年来，随着许多大型外资工程项目在国内的投资建设，出现了业主方与国内设计管理工作方面的差异及问题。大型外资工程项目通常具有规模大、工期紧、参与方多、结构复杂、施工难度大等特点，其设计过程常常受到沟通、设计标准、中外差异等因素的困扰。本文结合笔者亲历的某大型外资工程项目，讨论了大型外资工程业主方设计管理存在的主要问题，并针对这些问题提出了相应的对策及解决方案。

一、业主方设计管理的概念

设计管理的概念可以从设计和管理两个不同的角度来理解，不同的角度理解则可以产生不同的字面意思。第一个定义设计管理概念的是英国设计师Michael Farry，于1966年首先提出设计管理是在界定设计问题，寻找合适设计师，且尽可能地使设计师在既定的预算内及时解决设计问题[1]。此后，许多学者也相继提出了关于设计管理的概念。其中，我国学者凌继尧提出设计管理是完成某设计计划的核心部分，它是整合设计资源的一套知识体系，包括设计计划、组织系统、设计人员、评估机构等。而我国学者陆莹通过进一步的研究得出，设计管理不仅要保证设计过程中各专业合作的内部协调与配合，还要保证设计与采购、施工的协作。杨君顺、唐波认为设计管理是为了满足使用者需求，有计划有组织地研究与开发的管理活动。它是有效调动设计者创造性思维，把市场与消费者的需要转换在新产品中，以崭新的、合理的、科学的方式影响和改变人们的生活，并为企业获得最大限度的利润而进行的一系列设计策划与设计活动的管理[2]。

对于工程项目建设来说，业主的一项重要管理职能就是设计管理，对于设计管理的概念诸多学者从各个方面都进行了归纳和总结，而业主方设计管理的概念则较少被提及。本文从大型外资工程项目业主方项目管理的角度，通过归纳和总结，可以将业主方设计管理的概念定义为：贯穿于项目建设全过程，从项目决策、设计准备、方案设计、初步设计、施工图设计到整个施工过程，并一直延伸到竣工验收、使用运营、总结回访为止，把需求转化为设计，并将设计转化为令客户满意的实体建筑。通过组织管理的方法与手段，建立起一整套沟通、交流与协作的系统化管理制度，协调工程项目各阶段中业主与设计单位、承包商、政府部门及其他相关单位之间的技术、经济及管理的关系，最终达到建设项目社会、环境、经济效益的最佳平衡。其本质就是通过管理的计划、控制、组织、协调、指挥等方法与手段对项目的有关设计工作进行全过程的、全面的管理[3][4]。

二、大型外资工程项目业主方设计管理存在的主要问题

（一）组织架构及沟通协调问题

大型外资工程项目业主方设计管理是一个复杂的系统工程，它要求业主或业主代表对设计管理工作进行周全的组织策划并完成这一过程，其策划要素为组织层面的确定、组织各部门的设置、组织关系的建立等。组织策划的成果就是建立健全的设计管理组织构架，包括选择设计管理模式、设置组织结构、组织分工、工作流程组织，此外还应包括设计管理文件的编码存档构架等[5]。设计较为合理的组织构架是实施有效设计管理的前提保障。

在大型外资工程项目业主方设计管理工作中往往涉及较多的单位。为保证项目最大限度的满足各单位的要求，需要在需求设计阶段充分听取各单位的意见。对于设计管理组织构架的设计，应当考虑各相关部门、单位的充分参与，并应提前和尽早介入项目相关工作，保证在设计过程中充分满足各相关单位的要求。由于各专项设计之间存在复杂的技术关系，并且各专业设计在项目建设的不同阶段分别展开，需要业主对各专业设计在技术、功能、质量、进度等方面进行协调，协调工作量大，难度较高[6]。组织协调就是在这些结合部位上做好调和、联合、联结的工作，使大家实现工程项目总目标上做到步调一致，达到运行一体化。

例如笔者参与的某大型外资工程项目业主方设计管理工作的组织架构及沟通协调即存在以下问题：

1. 内部问题

首先，在组织架构设计方面，所有的设计管理工作都是以业主内部设计管理部门为中心而进行的，所有其他单位与设计院的沟通协调都需经过这个部门，许多直接沟通渠道被切断，导致沟通协调的效率大大降低。

其次，各个专业的设计管理人员仅仅考虑了本专业的工作内容，互相之间缺乏有效的沟通，所以常常出现施工单位拿到的施工图纸出现许多冲突甚至是矛盾之处，并且在短时间内还不能得到业主方的最终确认，大大影响了工程的进度。

再次，由于业主内部设计管理部门缺乏强有力的统一领导和快速解决问题的机制，当各个专业之间产生不同意见时不能及时达成一致，影响了工作效率。

2. 外部问题

第一，设计院和业主内部设计管理部门沟通不畅。例如业主的指令常常由不同的设计管理人员发出，而设计院不同专业设计人员的内部沟通及与业主设计管理部门的沟通都不顺畅，最终导致图纸冲突或矛盾。

第二，项目管理公司的工作范围虽然包括设计管理，但其管理人员并不具备设计专业背景，导致其在设计管理中的作用仅限于设计协调和图纸管理，很难在技术方面提供有效支持，导致总包和设计院及业主内部设计管理部门之间的沟通工作不能顺畅进行。而在图纸管理方面，由于大型外资工程项目往往会产生大量的设计变更，图纸的升版、替换和跟踪统计等工作需要项目管理公司及时完成，并将相关信息及时共享，否则将会导致施工现场用错图纸施工，造成返工和浪费。

第三，监理方面，首先由于近些年来监理队伍的整体业务水平降低，很多监理人员看不懂图纸，并且监理工作在许多外资工程项目中不受业主方重

视;其次,当监理在施工现场发现图纸问题时,监理没有与业主内部设计管理部门直接沟通的渠道,只能通过项目管理公司进行沟通,导致信息传递及决策缓慢。

第四,总包和设计院不允许直接联系。总包发现图纸问题时需要通过项目管理公司向业主内部设计管理部门反映,然后再由业主内部设计管理部门向设计院反映,从而大大降低了沟通和决策的效率。

(二)设计标准及设计工作界面问题

在许多大型外资工程项目业主方设计管理工作中,由于其对工程质量的要求较高,且项目所涉及的设计院有多家,导致设计标准的理解有差异,如何将其统一则是其中一个重要问题。另一重要问题则是根据工程管理惯例及各专业单位的专长,合理划分设计合同界面,明确各设计单位的工作和职责范围。通过设计合同界面的合理划分,能够保证工程相关的所有专业均落实到了设计责任人,又确保各专业之间接口的协调与一致性。

设计标准问题主要包括两个方面。一是国内统一规定的设计标准和设计规范。例如,我国有关方案设计、初步设计及施工图设计的设计深度规定,即《建筑工程设计文件编制深度规定》(2008年版)。而关于深化设计的具体要求,国内则基本无章可循,尤其是除钢结构、幕墙专业之外的深化设计,施工单位只能自主决定这些深化设计的设计深度,而这些深化设计图纸又往往需要得到外资业主的批准后才能用于现场施工,外资业主的高标准和严要求往往使得施工单位的深化设计很难在短时间内做到令外资业主满意。二是许多外资企业在经历了长期的发展后形成了其特有的设计要求,这些设计要求被用到国内项目时又必须与国内的设计和施工规范相结合,从而形成了一种中外融合的设计和施工标准。但这种融合往往不能做到精细化,导致这些标准文本太厚,内容繁杂、冲突众多,加之外资项目的工期往往较紧,业主方没有精力就这种特有标准向设计院及施工单位进行培训和交底,设计院和施工单位又没有充足的时间去消化和理解这些标准,最终导致设计图纸(包括深化设计图纸)错漏,施工的难度更是可想而知。其次,由于这些特有的标准中有很多内容是从国外引进后翻译成中文的,难免会产生翻译差异甚至错误,这也在一定程度上导致了设计院和施工单位对这种标准的理解产生了不一致和偏差。

工作界面的划分方面,许多外资业主方与设计院的设计合同及与施工总承包单位的施工承包合同中关于设计工作内容的规定(尤其是关于深化设计及竣工图编制的内容)不清晰导致了以下问题:首先,与设计院的设计合同中没有关于深化设计审核的工作范围,导致施工单位在完成了深化设计之后无设计院审核确认,而是由外资业主内部的设计管理部门自行确认,这种情况下施工单位将这些深化设计图纸用于现场施工必然存在诸多风险。其次,大型外资工程项目的设计变更往往数量庞大(经常超过30%),按照有关规定,这种情况下竣工图一般都需要重新绘制并得到原设计单位的签章确认,然后提交给原审图公司进行审图。但许多大型外资工程项目业主方与设计院的设计合同中并没有考虑到设计院在竣工图编制方面应该承担的工作职责,而施工总包单位通常缺少相应的设计资质,导致竣工图的重新绘制需要业主进行大量的协调工作(即协调施工总包单位与设计院之间的工作界面),并可能付出不少额外的代价。第三,由于大型外资工程项目往往涉及多家设计院,各家设计院之间主要通过工程类型(如建筑、市政等)来划分工作范围,这样就出现了各家设计院之间界面的划分、结合以及各专业之间整合的问题。若在设计界面处没有划分清楚,则容易导致图纸出现错漏、冲突和矛盾。第四,与施工总承包单位的施工总承包合同中,关于深化设计的工作范围及设计深度没有清晰的表述,仅仅依靠业主内部设计管理人员的主观要求和判断,显得随意性较大。例如,某大型外资工程项目在施工图设计中涉及的专业(如钢结构、幕墙、装饰装修、建筑、结构、机电等)几乎都要施工单位进行深化设计,并且许多深化设计工作需要借助BIM模型来完成,其工作的复杂程度及工作量的庞大远远超出国内施工总包单位的预期,导致许多承包商纷纷提出索赔。

(三)对国内建筑市场及政策法规的理解问题

由于大型外资工程项目与国内一般工程项目的差异,在设计管理方面,外资业主对国内建筑市场及政策法规的理解可能存在以下问题:

第一,某些外资业主在进入中国投资建设项目之前,并没有提前了解到中外在深化设计方面的一个重要差异:在许多国家,多数工程项目习惯采用EPC的承包模式,承包商的工作范围包含了全方位的深化设计,并且其深化设计所依据的图纸是Design Development的图纸(其设计深度大致相当于国内的扩初设计图纸）；而国内的多数工程项目仍然采用传统的施工总承包模式，施工总承包单位习惯于"按图施工"，即按通过审图公司审图的蓝图施工，仅有少数几个专业（如钢结构、幕墙、精装修等）才会涉及数量不多的深化设计，并且这些深化设计工作通常是由专业分包单位或加工制作单位来承担的。大型外资工程项目的招标图纸及技术规范数量庞大、内容复杂，但针对施工总承包单位的招标采购并不比国内常规项目周期长，导致投标单位没有足够的时间去消化和理解招标文件，在很大程度上是凭借以往做国内常规项目的经验来进行投标报价的，待中标及进场后才逐渐发现工程的复杂性远超出其预料。在深化设计方面，大型外资工程项目往往涉及的专业较多，深化设计数量庞大，而某些外资业主在招标文件中并没有对深化设计问题作出着重强调或特别提醒，且其工程量清单中也未明确要求投标单位提供相应的深化设计专项报价。当国内施工总承包单位进场后发现深化设计工作量远超出其预料时，则会认为其为该项目深化设计投入的成本远超出其应该承受的范围，于是便以种种理由向业主提出索赔，比如认为业主提供的施工图设计深度达不到中国技术标准的要求，导致其不得不增加深化设计工作量，甚至不得不补充绘制部分施工图，而这部分工作本应由设计院来完成。需要特别说明的是，国内早已有工程总承包模式（即包括了设计、采购和施工的全部工作内容），但许多外资业主并未采用这种模式，导致其与承包单位签订的合同体系与其预想的承包单位工作范围不匹配，这也是导致"深化设计"问题的根本原因之一。

第二，许多大型外资工程项目进度偏紧，业主方为了达到工期目标，通常要求国内的设计院在短时间内完成大量的设计工作，且不说图纸质量问题在所难免，更严重的是某些外资业主违反国内施工图审查规定，要求施工单位按"白图"甚至电子版图纸或BIM模型进行施工，尤其是重大设计修改及深化设计未经原设计院确认、更未交予原审图公司审图（如需要），而仅仅是由业主内部设计管理人员认可的情况下，便要求施工单位将这些图纸用于现场施工。此种做法不仅涉嫌违法违规，更是增大了施工安全与工程质量风险，同时对于监理工作的开展，工程竣工验收（尤其是竣工档案验收）以及工程竣工决算和审计（如需要）等都带来了极大的困难。

第三，目前国内在工程设计方面仍然是按"企业资质"来分级管理的，即某家设计单位只有具备了相应的设计资质，才能承担其资质范围允许的设计工作，因此目前国内工程项目的施工图都是由具有相应设计资质的综合设计院或设计公司来完成的。而国外的工程设计单位则以设计师事务所居多，并没有资质等级一说。因此，一般来说，在没有获得国内的设计资质的情况下，国外的设计单位是不能直接承担国内项目中需要具备相应设计资质才能承担的设计工作的。关于这一点，许多外资业主并没有十分清晰的认识，尤其是不完全了解具体哪些设计工作必须由国内具备相应资质的设计单位来完成。例如，某大型外资工程项目包含多个大型游乐设备，按国内的常规做法，这些游乐设备的基础预埋件图纸都是融合在设备基础的结构设计图纸之中的，由于其涉及大量的结构计算，因此必须由具备相应资质的设计单位来完成其设计工作。但遗憾的是，该项目的外资业主并没有按照国内的规定安排好这项工作，而是由其游乐设备供应商委托了一家境外设计单位来完成该部分图纸。由于该境外设计单位不具备国内要求的相关设计资质，因此在被国内安全质量监督部门发现后，业主不得不再委托该项目的国内设计院对这家境外设计单位提供的设计图纸和计算书进行审查和确认，而业主与这家国内设计院事先没有约定该工作范围，加之该部分的设计和计算又非常复杂，导致该项目的大型游乐设备安装无法按原计划进行。

第四，在国内的工程项目中，内资业主一般会充分发挥设计院、总包和监理的作用，让设计、总包、监理和业主之间保持高效顺畅的沟通。尤其是总包和监理，内资业主很倚仗他们在施工现场发现图纸问题，并将问题及时反馈给设计院，这种面向施工现场的设计管理模式能够快速机动地解决项目建设过程中的各种设计问题。然而，多数外资业主则选择以内部设计管理部门或委托的项目管理公司为核心来进行设计管理，对总包和监理在设计管理方面所能发挥的作用并不重视。尤其是对监理单位，许多外资业主总有一种"被迫请监理"的感觉，因此一开始就对监理不够信任，其不允许监理与设计院直接沟通甚至不允许监理与其内部设计管理部门直接沟通，也就不足为奇了。外资业主的这种做法，直接割断了本来十分有效的沟通模式，人为增加了设计管理的难度。这种现象的出现，归根到底还是因为这些外资业主不理解国内的总体建筑市场环境和习惯做法，尤其是不理解监理单位在工程项目建设中的重要地位和作用。

三、解决大型外资工程项目业主方设计管理问题的建议

针对大型外资工程项目业主方存在的设计管理问题，笔者建议通过以下方法进行解决：

第一，针对组织架构和沟通协调问题，至少应做到以下几点：

（1）外资业主方应在其内部建立强有力的设计管理协调班子，并指派高层对设计管理问题进行最后"拍板"，以便快速解决业主内部设计管理部门各专业之间的冲突和矛盾。

（2）建立面向施工现场的设计管理服务机制，组织参建各方的设计人员及设计管理人员为工程项目提供驻场服务，并尽可能在同一地点办公，及时解决施工现场存在的相关设计问题。

（3）充分发挥当地设计院和监理的作用，构建总包、监理、设计院、项目管理公司、业主设计管理部门为一体的沟通协调机制，确保沟通渠道的通畅，彻底改变设计管理工作效率低下的状况。

第二，针对设计标准和设计工作界面问题，则应从以下几个方面入手：

（1）委托当地某家大型设计院参与设计标准的制定工作，并在标准制定时将中外差异部分作为重点突出标示在相关书面文件中，并在标准制定结束后委托另一家设计院进行审阅。

（2）业主组织设计标准的编制人员就编制完成的设计标准对工程项目的所有参与设计单位进行交底，对需要注意的部分进行着重提醒。

（3）聘请设计总协调，策划各家设计院的详细工作划分，并形成书面文件后作为设计合同的一部分。同时，设计总协调在整个项目建设过程中继续协助业主内部设计管理部门与所有设计院进行必要的沟通协调，并协助解决不同设计院之间的工作界面问题以及不同专业间的设计冲突问题。

（4）在招投标阶段明确设计合同及施工总承包合同中有关深化设计的工作范围，包括涉及的范围、专业、深度、标准及工作职责（特别是设计院的角色和任务）等，并对施工总承包投标单位就深化设计的工作量和难度作出特别提醒，包括清晰地界定哪些特殊的深化设计需要用到BIM技术。或者，将设计、采购和施工的全部工作内容发包给同一家承包商或者联合体，即采用工程总承包合同模式。

（5）在设计合同中规定重新绘制的竣工图需得到原设计院的确认和签章，同时在施工总承包合同中明确规定：如竣工图需重新绘制，则由施工总承包单位负责绘制后，由业主内部设计管理部门和原设计院确认并签章，并送原审图公司审图后方能作为正式的竣工图进行验收和归档。

第三，针对国内建筑市场和政策法规问题，外资业主方应提前充分了解国内政策法规，并做出相应的准备，严格按照国内的法律法规办事；同时，还需要深入了解国内在工程建设领域的许多通用实践和惯例，以免造成不必要的损失。因此，笔者建议：在工程前期聘请国内经验丰富的项目管理公司作为项目管理总策划顾问，提前研究大型外资工程项目的项目管理总体规划问题，其中自然包括研究中外在建设程序、设计、招标采购、合同管理等方面的法律法规、技术规范、习惯做法等方面的不同点。该总策划顾问将完成一份完善的项目管理总策划报告，报告中应包括针对设计管理的建议和具体实施方案。

四、结束语

通过笔者以上对某大型外资工程项目业主方设计管理问题的分析，可以看出外资业主在国内进行大型项目设计管理的熟练程度并不高，给项目的进度和投资都造成了负面的影响。要解决这个问题，需要外资业主给予国内参建单位充分的信任，并与这些单位共同努力，从组织、沟通、策划、招投标、合同管理等方面不断提升设计管理工作的成效，确保大型外资工程项目的顺利实施。

参考文献：

[1] 徐刚.论设计管理的理论内涵及其程序结构[J].经济经纬, 2007 (4): 96-98.

[2] 杨君顺, 唐波.设计管理概念的提出及应用[J].机械, 2003 (30): 168-170.

[3] 孙亮.界面管理在大型建设项目业主方设计管理中的应用[D].山东: 山东建筑大学, 2010.

[4] 边芳.基于界面管理的业主方设计管理[D].重庆: 重庆大学, 2012.

[5] 孙亮, 李文彬, 安震.大型建设项目业主方设计管理组织架构研究[J].建筑经济, 2009 (12).

[6] 鲍庄刚.民用建筑工程设计管理方法浅议[J].江苏建筑, 2007 (5).

浅议政府项目投资评估的难点与方法

广州宏达工程顾问有限公司　龚跃彩

摘　要： 投资评估是咨询评估的重要一环。评估过程中难以把握的地方主要是：投资估算涉及各方利益，敏感性强；费用指标缺乏客观衡量标准，具有不确定性；评估对象质量有下降趋势；投资控制目标难以实现。要做好投资评估工作，必须注意搞好综合经济指标控制，加强各方沟通与协调，精心编制《评估后投资估算表》，实行集思广益的方法。在投资评估过程中，政府单位的工作也有需要改善的地方，一是要明确不同阶段的投资评估目标，其中项目建议书阶段投资评估要做到投资规模适当、投资构成合理，可研报告阶段投资评估要做到投资规模有效控制，估算指标合理。二是政府领导研究项目要改变设定投资额的做法；将评估费由建设单位支付改由发改部门支付，让评估单位放手开展工作。

关键词： 投资评估　难点　方法　改善

政府投资项目使用的是纳税人资金，主要投向国计民生、市政基础设施等项目，事关国民经济和社会发展大局，影响面大。为此，政府各部门通过多种手段对项目前期、建设、运营等过程进行监督和控制，以保证项目建设的科学合理，实现最大的社会经济效益。从2013年开始，我国各级政府全面推行立项审批的咨询评估工作，借助于社会中介力量对项目的建设必要性、工程方案科学性、投资合理性、建设有序性等强化监督和控制。其中投资评估是前期咨询评估的重要组成部分。投资规模适当，可以保证建设顺利进行；若安排投资过多，容易造成资金浪费现象；投资不足则影响项目建设，甚至导致项目停工。投资评估工作通过检查、审核咨询文件，可以及时指出问题，纠正错误，改善项目前期工作，从而合理把控投资，实现项目建设目标。

广州宏达工程顾问有限公司是较早进行政府项目前期评估的咨询单位，参与评估的项目较多，业务范围涵盖珠三角多个城市，包括省、市、区各级项目，涉及国民经济和社会发展各个行业，取得了较好的评估业绩，公司的评估业务逐步拓宽，并带动起国际竞赛、节能评估、招标代理、监理、造价咨询等其他咨询业务的开展。在评估过程中，我们克服了投资估算难以把握的困难，摸索出一套有效的评估办法，取得了良好的评估效果。

一、投资评估难以把握的地方

（一）投资估算涉及各方利益，敏感性强

由于所处的立场不同，项目各方对

投资规模有着不同的态度。政府发改、财政等部门希望控制投资，少花钱多办事，办好事；项目主管部门则主张建设上档次、上规模，最好领先同行；建设单位希望投资较为宽松，担心投资不足影响工程建设，而追加投资又难以审批，他们把政府会议纪要、领导讲话中的投资控制指标当成刚性指标维护，不许核减投资；项目建设参与方如咨询报告编制、勘察、设计、施工、监理、造价咨询等单位由于服务费与工程费用挂钩，也多有投资扩大的冲动，希望服务费能够水涨船高。从整体上看，希望投资宽松的单位远多于投资控制的单位，致使项目投资控制过程阻力重重，投资评估较为困难。

（二）费用指标缺乏客观衡量标准，具有不确定性

由于各个项目的特殊性，加上物价上涨，投资估算难以找到完全合适的造价、费用参考标准。为了保证估算指标的合理、可比性，许多省市甚至城区发改部门、政府项目评审部门都陆续推出了估算造价、工程费用其他费指标等参考资料，给各项指标提出了套用标准。但由于各个项目内容不可能完全相同，相关指标无法直接套用。有的市政管网、道路桥梁、污水处理、环境绿化等项目还采用概算指标，看起来十分详细，但同类指标也不能简单移植，需根据项目特点进行调整。在缺乏客观衡量标准的情况下，投资评估只能主要由评估单位进行经验评估，这一方面需要评估人员综合掌握各类咨询资料数据，又要全面了解工程方案，并做到灵活运用。

（三）评估对象质量有下降趋势

自从我国政府对前期咨询工作实行市场调节政策后，由于市场竞争的加剧，各地项目建议书、可研报告编制多采取低价竞标的方式，编制单位重数量、轻质量的现象较为普遍。有的咨询机构把主要精力放在设计上，对前期咨询报告多采取应付的做法，造成咨询报告编写质量严重下降，泛泛而谈者多，针对性差，建设方案不知所云，投资估算依据不足。投资估算表更是花样百出，有的工程费用只有简单的两、三项，估算笼统，短缺遗漏内容多；有的只有总金额，无工程量及单价，弄得人一头雾水；有的费用合计频繁出错，误差多达10%；有的估算工程量与工程方案不一致；有的图纸不按设计规范，导致工程量虚增；有的把整本概算书充当估算表，不符合估算阶段的要求。建设单位多是"大姑娘坐轿头一回"，分不出好坏，捧着一堆咨询垃圾当宝贝，有的则依赖于评估环节进行把关修改。咨询报告质量下降、基础资料缺乏，给投资评估造成很大压力。

（四）投资控制目标难以实现

由于一些地方忽视阶段性评估要求，多数采取项目建议书、可研报告，同样的评估要求，造成评估重点不突出，评估目标不明确。在立项初期，建设项目情况不明、资料缺乏，造价指标过于细化容易造成漏项，而基本预备费计算偏少，确定投资过紧。可研阶段调整工程方案，往往需要调增工程量，补充漏项指标，导致项目总投资增加，出现可研报告投资超过项目建议书批复投资的情况，给投资总额控制造成困难。

二、投资评估方法探讨

针对上述评估过程中存在的难点问题，想要做好投资评估工作，笔者认为必须注意以下几点：

（一）搞好综合经济指标控制

综合经济指标是项目投资单价，是投资控制的整体指标，应参考同类工程建设案例及政府部门推出的投资控制指标，结合项目情况合理把握。

一是进行同类项目比较，找出项目建设特点，确定合理的综合经济指标。比如新建中学，在一般地区综合经济指标为4000元/m²，但如果在广州市南沙区、珠海市等地，因地理原因，需要作

软基处理及特殊结构处理，土建造价较高，项目综合经济指标可能超过 4500 元 /m²；普通城市主干路（双向四车道）综合经济指标为 5500 万元 /km，如果土方较多，又有软基处理，则综合经济指标可能超过 7000 万元 /km。

二是看项目建设定位，有的项目在当地经济社会发展中属于重点项目，政府要求起点较高，定位高端，则综合经济指标应适当提高。比如普通体育馆综合经济指标 5000 元 /m²，但如果是高规格、功能全的运动场馆综合经济指标应放宽到 5800 元 /m²，以实现其建设目标。

三是合理运用政府投资控制指标。一些政府为了控制投资规模，制定实施了一些控制措施，如广州市政府规定，以大型文化基础设施项目 8000 元 /m²（含装修）、其他设施项目 4500 元 /m²（含装修）的标准为原则，进一步优化项目总投资估算。在评估时，应将特殊建设环境及建设要求的一些费用在计算总投资时作分开考虑，主要包括软基处理、旧建筑拆除、空调安装、星级绿色建筑增加费、专项设备、弱电系统设备及软件等费用。这样既执行了政府的投资控制规定，又保证了项目建设的需要。

（二）加强各方联系沟通，协调各方立场

投资评估应认真阅读项目资料，及时作好预审意见。还要做好项目现场查勘，对项目建设的现状及建设条件的具备情况有全面的了解。在评估会上形成的专家意见及专家组意见因时间关系一般是原则性的，有些观点只能作参考，对不清晰的地方应与专家作深入探讨。对编制单位，应综合专家意见及预审意见，督促其认真修改完善咨询报告，防止敷衍了事。对建设单位提出的不同意见，应参考同类项目作认真对比，尽可能多做细致的工作，将指标细化，多做解释说明，尤其要注意查出漏项指标并进行补充，体现评估的专业性。比如，笔者所在的广州宏达工程顾问有限公司评估的广州文化馆在可研报告中表明需总投资 9.3 亿元，核减投资原本很困难，经多方努力后评估投资减少 3475 万元，核减率 4.3%；教育城 11 个职业院校项目建议书总投资 25 亿元，评估后投资核减率 9%，都实现了较理想的投资控制效果。

（三）精心编制《评估后投资估算表》

评估机构处于评估的中间环节，应综合各方意见，独立做出判断，修改完善项目投资估算指标。编制单位的《项目投资估算表》由于多种因素的影响，往往存在各种问题和矛盾，光靠编制单位的修改带有很大的局限性。为了保证投资修改意见及时得到落实，争取审批时间，在编制单位修编的同时，评估单位应独立编写《评估后投资估算表》。《评估后投资估算表》经内部审核后，应对照编制单位修编的《投资估算表》，指出修改的地方及建议，发给编制单位及建设单位反复征求意见。如果编制单位、建设单位有异议，应要求其说明原因，评估单位对有关原因进行合理性审核。这样多次修改，投资估算将趋于合理，更具有可操作性。为了保证评估成果得到运用，应要求咨询报告按照各方商定的《评估后投资估算表》进行修改。

（四）搞好知识积累，做到集思广益

评估工作涉及项目情况、政策要求、设计规范、指标数据等各个方面，评估人员平时要注意做好知识积累。一是要认真听取专家意见，收集专家评审观点，形成专家评估意见汇总。二是全面收集各级政府有关的政策规定，尤其是有关造价、费用计取的文件通知，及时更新资料库。三是收集经典项目建设案例资料，按行业进行分类汇集，对比工程内容及造价水平。四是对已评估项目的投资估算表进行整理，相互对照造价指标，检查漏项。五是充分发挥单位优势，了解工程业务知识，拓宽投资评估视野，提升评估技术水平。遇到评估难题时，可召集单位内相关专业的工程师开会研究，集思广益解决问题。

三、对投资评估中政府工作的建议

（一）要明确不同阶段的投资评估目标

投资评估作为咨询评估的一部分，应体现项目建议书、可研报告评估的整体评估要求。从政府的要求看，项目建议书评估重点是在对项目建设内容、建设规模、建设模式、投资估算等内容进行审核的基础上，综合考虑项目建设的内部、外部因素，提出项目建设是否必要的结论，供审批部门参考。其中投资评估主要应按照有关法律、法规和专业技术规范要求，结合项目自身特点，对项目建议书投资估算编制依据的有效性、内容构成的完整性、估算指标的合理性、计算的正确性等提出评估和调整意见。

项目可研报告评估的重点，是在对项目建设方案、建设条件、存在问题进行全面分析的基础上，得出项目是否可行的结论，为审批决策提供依据。其中投资评估主要是根据项目特点，对项目可研报告投资估算编制依据的有效性、内容构成的完整性、估算指标的合理性、计算的正确性等提出评估和调整意见，并对可研报告评估后总投资与项目建议书批复总投资进行对比分析。

为使投资评估工作取得成效，政府审批部门应明确不同阶段的投资评估目标，以方便开展评估工作：

1. 项目建议书由于仅提出了项目基本的建设蓝图及设想，投资估算应侧重于对整体投资规模及基本投资构成的把握，主要审核论证项目综合经济指标、主要工程综合造价、主要费用比例，评估目标应是投资规模适当，投资构成合理。

2. 可研报告已作建设方案比选，项目具备实施条件，投资评估的重点应是核实工程量，完善各项费用指标，合理估算工程造价，补充漏项，消除与建设无关的费用，将可研报告总投资控制在项目建议书批复投资之内，为实行限额设计创造条件，评估目标应是投资规模有效控制，估算指标合理。

（二）减少对评估工作的政府行政干预

现在一些地方政府领导在研究项目时，热衷于定投资额，这种现象很不利于项目投资控制。由于项目还处于前期商议阶段，未作深入调查研究，依据的是过往案例，确定的投资额往往不合

理，加上考虑到项目要顺利实施，普遍存在投资额偏大现象。在评估过程中，政府领导确定的投资额往往成为投资评估的"红线"，建设单位牢牢抓住不放，要求总投资不能超过但也不能偏低太多，加上部分地方由建设单位支付评估费，评估工作受到限制，投资评估只能局限于指标间调整，无法合理把控投资规模。为了解决这个问题，除了评估单位多作耐心细致的评估工作以外，政府单位的工作必须做好如下调整：一是地方政府领导研究项目时应主要研究建设的方向及要求，要改变设定投资额的做法，将合理确定投资交给评估环节完成；二是改变目前部分地方评估费由建设单位支付的办法，改由发改部门支付，让评估单位放手开展工作，履行自己的职能。

四、结论

投资评估是政府投资项目实现最佳效益的重要基础工作，必须抓紧抓好。评估过程中难以把握的地方主要是投资估算敏感性强，费用指标缺乏客观衡量标准，评估对象质量有下降趋势，投资控制目标难以实现等。要做好投资评估工作、取得好的评估效果，评估单位主要应作好如下工作：注意搞好综合经济指标控制，加强与各方的沟通与协调，精心编制《评估后投资估算表》，实行集思广益的方法。此外，政府单位的工作需要作如下改善，一是要把握不同阶段的投资评估目标；二是政府领导研究项目要改变设定投资额的做法，将评估费由建设单位支付改由发改部门支付，让评估单位放手开展工作。

协同、项目协同与项目协同服务系统

陕西中建西北工程监理有限责任公司　申长均

> **摘　要：** 项目协同服务理论是对传统项目管理理论的补充和完善，是将协同论原理与项目管理原理和工程实践的结合。项目协同服务系统（PCSS）是将项目协同服务理念用于工程项目建造实践的探索。本文从协同的概念和协同学理论入手，讨论了在工程项目管理实践中应用协同学的理论和方法。提出了项目协同服务的理念，初步探讨了构建项目协同服务体系的方法。
>
> **关键词：** 协同　协同学　项目协同　项目协同服务系统

项目协同服务系统（PCSS）是基于协同学和项目管理理论基础，结合我国现行建设工程项目管理体制和实践，针对工程项目建造现场和过程，帮助工程建设各参建方实现共同及各自目标的服务系统。项目协同服务理念，是我们近年来基于中国现有工程建设体制的探索和思考，与项目管理系统（PMS）、协同管理系统（CMS）相比，理论基础和方法论上一定程度的重合和不同。望能起到抛砖引玉的作用，共同为工程项目建设管理作贡献。

一、协同

协同一词出自古希腊语，或曰协和、同步、和谐、协调、协作、合作，是协同学（Synergetics）的基本范畴。协同的定义，《说文》提到"协，众之同和也。同，合会也"。所谓协同，就是指协调两个或者两个以上的不同资源或者个体，协同一致地完成某一目标的过程或能力。

协同学（Synergetics），1970年联邦德国斯图加特大学教授，著名物理学家哈肯（Hermann Haken）提出协同的概念，1976年系统地论述了协同理论。协同学的目标是在千差万别的各科学领域中确定系统自组织赖以进行的自然规律。可以看成是一门在普遍规律支配下的有序的、自组织的集体行为的科学；是研究不同事物共同特征及其协同机理的新兴学科；是近几十年来获得发展并被广泛应用的综合性学科。

二、协同理论

协同论研究复杂、开放、远离平衡状态的（混沌体系）、不同体系间的相互影响和合作的关系。协同论对揭示无生命界和生命界的演化发展具有普适性意义，具有广阔的应用范围，它在物理学、化学、生物学、天文学、经济学、社会学以及管理科学等许多方面都取得了重要的应用成果。针对合作效应和组织现象能够解决一些系统的复杂性问题，可以应用协同论去建立一个协调的组织系统以实现工作的目标。

协同理论的主要内容可以概括为三个方面：协同效应、伺服原理和自组织原理。

1. 协同效应

协同效应是指复杂开放系统中大量子系统相互作用而产生的整体效应或集体效应。简单地说，就是"1+1>2"的效应。协同效应可分外部和内部两种情况，外部协同是指一个集群中的企业由于相互协作共享业务行为和特定资源，因而将比作为一个单独运作的企业取得更高的赢利能力；内部协同则指企业生产，营销，管理的不同环节，不同阶段，不同方面共同利用同一资源而产生的整体效应。

2. 伺服原理

伺服原理即快变量服从慢变量，序参量支配子系统行为。其实质在于规定了临界点上系统的简化原则——"快速衰减组态被迫跟随于缓慢增长的组态"，即系统在接近不稳定点或临界点时，系统的动力学和突现结构通常由少数几个集体变量即序参量决定，而系统其他变量的行为则由这些序参量支配或规定，序参量以"雪崩"之势席卷整个系统，掌握全局，主宰系统演化的整个过程。

3. 自组织原理

自组织是相对于他组织而言的。他组织是指组织指令和组织能力来自系统外部，而自组织则指系统在没有外部指令的条件下，其内部子系统之间能够按照某种规则自动形成一定的结构或功能，具有内在性和自生性特点。自组织原理解释了在一定的外部能量流、信息流和物质流输入的条件下，系统会通过大量子系统之间的协同作用而形成新的时间、空间或功能有序结构。

三、项目、项目管理

1. 项目

项目通常有以下一些基本特征：项目开发是为了实现一个或一组特定目标；项目受到预算、时间和资源的限制；项目具有复杂性和一次性；项目是以客户为中心的。

百度的项目定义是指一系列独特的、复杂的并相互关联的活动，这些活动有着一个明确的目标或目的，必须在特定的时间、预算、资源限定内，依据规范完成。项目管理手册（第五版）中，项目是一个临时组织，利用分配给该组织的资源进行工作，将给这个组织带来有收益的变化。

2. 项目管理

项目管理是一套技术方法，这些技术或方法用于计划、评估、控制工作活动，以按时、按预算、依据规范达到理想的最终效果。现代项目管理理论是二战后期发展起来的重大新管理技术之一，最早起源于美国，我国工程建设体系是在参考国际项目管理理论和实践的基础上建立的。

项目管理的主要内容有范围管理、时间管理、费用管理、质量管理、人力资源管理、风险管理、沟通管理、采购与合同管理和综合管理。

项目管理的主要目标：1）满足项目的要求与期望。2）满足项目利益相关各方不同的要求与期望。3）满足项目已经识别的要求和期望。4）满足项目尚未识别的要求和期望。

项目管理虽然也面临着一个复杂多变、不可预测、多组织参与的复杂性开放系统，相对于协同学所研究的领域要简单得多，要完全应用协同学的理论有不适应之处。应用协同学的一些基本原理服务于项目，将会改进传统项目管理手段，改进项目管理的效果。

四、项目协同、项目协同服务

1. 项目协同

现有项目管理体制下（以施工阶段为例），施工现场主要以业主、施工、监理为主，通过在法规约束下的项目管理手段保证工程质量、进度、投资三大目标的实现，防止出现安全事故。由于各方利益诉求各不相同，工程建设实践过程中往往因影响因素错综复杂纠缠不清，导致各种各样的问题，而使工程建设成了社会和政府关注焦点，住建部近年开展的工程质量治理两年行动、建设领域的实名制等，都是这方面的反映。工程实践告诉我们，问题项目往往是项目相关方不严格履行各自职责，现场真实信息不能有效的沟通和流转，这为使用协同学方法改进项目管理创造了条件。

项目协同是在我国工程建设管理制度的基础上，针对工程项目建造阶段，充分利用现有建设、施工、监理的现场三方管理体系，在三方按制度要求正确履职的基础上，利用协同学原理与规划项目各参建方沟通、协调场景和方法，解决项目信息获取、处理和传递中产生的信息孤岛、信息阻塞和信息失真问题，将项目真实状况反馈到项目业主及参建方各层级人员面前，有利于决策者及时正确决策，参与者按各自职责高效工作，提高各参建单位的执行力，减少项目决策失误风险，取得相应的协同效应，提升项目各参建方效益，实现项目参建方多赢。

项目协同利用协同论中的伺服原理，确定项目管理过程中的主要因素（序参量），通过对影响项目的主要问题的处理和解决，促进项目目标的有效达成；建立协同化组织，发挥协同效应，解决项目利益相关方个人、企业、项目团队间的协作和共赢问题；利用协同论中的自组织原理，提升原有项目管理体系人、企业、项目团队的工作效率；促进工程项目建设的顺利实施。

2. 项目协同服务

传统项目管理理论是基于金字塔层级结构的一种实践体系，是在各参与方目标一致的基础上研究和实践的，重在计划和监控，其管理流线由建设单位指向咨询单位和承建单位，由高层级指向低层级。项目管理理论虽然已非常完善，有各种各样的方法和体系，有非常多成功的经验；但在实践过程中也有较多失败的案例，各参与方互相埋怨，甚至诉诸公堂。

项目协同服务理论是对传统的项目管理的一种创新，它是在承认"项目参与方在项目上有共同目标"的基础上，认可各参与单位"更多的是本身目标"，正确面对项目参与方由于目标不一致产生的相互制衡、组织关系紧张、工作效率低下等现象，是对现代项目管理理论"参与方目标基本一致"假设的完善和修复，项目协同服务理念面对的项目比项目管理理论面对的项目更真实，更符合实际。

项目协同服务主导思想是参与单位以保障自身目标和利益为目的，通过履行自身职责为项目其他参与方服务，实现项目目标。其将传统的层级式项目管理方法，转变为按法规和合同规定履行职责的服务理念，为员工按职责向所在单位负责，参与单位（咨询、监理、施工等）以合同为基础向建设单位负责，建设单位为龙头向建设目标负责。将项目管理转变为以建设目标为导向，以各参建单位项目目标为指引，从基层向高层，从参与单位向项目建设单位各级履责为基础的项目协同服务。

协同论告诉我们，任何系统如果缺乏与外界环境进行物质、能量和信息的交流，其本身就会处于孤立或封闭状态。在这种封闭状态下，无论系统初始状态如何，最终其内部的任何有序结构都将被破坏，呈现出一片"死寂"的景象。适用协同论原理的体系是，远离平衡态的开放系统，在与外界有物质或能量交换的情况下，通过自己内部协同作用，自发地出现时间、空间和功能上的有序结构。

可以理解为一个与外界有物质和能量交换的系统，能自发地从混沌状态转变为有序状态。

系统只有与外界通过不断的物质、信息和能量交流，才能维持其生命，使系统向有序化方向发展。项目协同服务构建的是一个开放的、交互的、各子系统独立工作，相互交流，能将最初看似无序的混沌状态，通过自组织和他组织作用形成项目有序建设局面。

五、项目协同服务系统 PCSS

项目协同服务系统（Project Coordination Service System）是将项目协同服务理念应用于项目建设过程的实践。以建造全过程为研究对象，以施工现场为中心，以人和组织的行为为研究重点，以参与项目的人、组织、环境等各子系统内部以及他们之间相互协调配合为出发点，构建的项目跨组织协同服务系统。

项目协同服务系统使参与建设的各系统（建设、咨询、施工、监理等），通过项目组织、管理环境、项目信息的构建和重组，为各自目标努力工作，规避管理系统内部相互掣肘、拆台、冲突或摩擦，减少内耗，避免工程项目陷于混乱无序的状态；以参与单位有关项目真实信息为纽带，以建设单位为主导，发挥各方个人和组织作用，实现参建方（业主、施工、监理）跨组织协同效应，实现项目建设目标。

传统协同软件虽然很多，但在构建发挥协同论效果的体系上的探索不足，虽然叫协同软件，但没有构建可以发挥协同作用的体系，往往不能发挥协同效应。

项目现场管理体系（施工阶段）有赖于建设单位、施工单位、监理单位密切协同，在实践中因为各自利益不同，还会导致大量与各方建设目标相悖的项目产生。各相关单位的信息化建设，也都是在各级领导重视下，依据传统手法构建的封闭系统，运行过程中因人、组织原因，信息传递过程中会产生长鞭效应，从而导致三方信息扭曲、屏蔽和不对等，致使工程建设决策错误，而导致项目目标无法实现。

项目协同服务系统（PCSS）根据项目协同服务理论，对项目组织架构和运行进行了重组。建立项目协同服务系统，采取了以下措施：

第一，明确以建设单位为核心、以阶段性目标实现为项目协同的序参量，引导项目各参建方的工作，掌握全局，主宰项目发展的整个过程。

第二，构建各参建单位项目部成员及时履行个人职责为基础的工作平台。将项目部人员职责和工作标准化，员工KPI考核与每日工作联系并在项目内部公开，促进建设、施工、监理人员按各自分工职责履职。

第三，构建具备耗散结构的两层次协同平台。其一，各单位项目部内部协同平台；其二，多方跨组织项目协同平台。持续不断的信息流，由项目管家推动形成项目信息混沌，使平台具备协同条件，实现自组织，在远离平衡的非线性区形成面对不断变化的现场的，新的稳定的有序结构，实现组织、跨组织协同效应。内部协同、跨组织协同通过信息流互相促进，在保证各参与方合理利益的基础上，使项目的整体利益放大。

项目协同服务系统是笔者在多年实践和理论研究基础上的探索，目前已结合微信企业号进行了系统软件的开发，在数十个项目上得到了初步实践，取得了一定的经验和效果。

参考文献：

[1] （德）赫尔曼·哈肯.协同学：大自然构成的奥秘.凌复华译.上海：上海译文出版社，2013.
[2] 白烈湖.协同论与管理协同理论.甘肃社会科学，2007-05：228-230.
[3] （英）罗德尼·特纳编著.项目管理手册（第五版）.丁杉译.北京：中国电力出版社，2014.
[4] 沈小峰著.混沌初开：自组织理论的哲学探索.北京：北京师范大学出版社，2008.
[5] 百度文库

基于BIM的监理数字化成果交付

中咨工程建设监理公司　严事鸿

> **摘　要**：BIM的运用为信息技术与建筑业发展的深度融合创造了条件，监理单位应深入参与到BIM技术的探索之中。采用自主研发的监理BIM插件，提出了基于BIM技术的监理数字化成果交付体系，确定了BIM建模标准统一，阶段性模型的审核及监理数字化成果输入、查询，竣工完成各专业模型深度的监理评定及监理成果的分层交付的交付流程。其中基于BIM模型的成果交付主要包括见证记录、监理业务文件、监理工作记录、监理指令、监理BIM模型深度评定等内容，为之后监理竣工备案模式的建立和完善起到推动之用。
>
> **关键词**：建筑信息模型（BIM）　监理　交付　数字化成果　深度

引言

现阶段随着建筑业信息化发展能力逐步增强，建筑行业内各企业均在积极探索能加快推动信息技术与建筑业发展深度融合的新模式。BIM技术作为建筑行业的一项新技术，已逐步渗透到建筑行业的各个方面，为充分发挥信息化的引领和支撑作用以及塑造建筑业新业态打开了新的思路。

监理单位作为工程建设过程的参与方之一，也应积极配合、参与到BIM技术与建筑行业的融合之中。BIM建筑模型承载的信息远比传统模式下的二维平面图要丰富得多，它不单单是一个三维立体的模型，更多的应是模型内蕴含的大量的构件在建筑全寿命的参数信息。BIM模型的全寿命大体可分为准备、建立、深化、实测修改、竣工交付等过程。现阶段鉴于监理单位的人员配备及资源配置的限制，在BIM模型的全寿命中应将有限的精力投入到更能产出的成果的环节，如：模型的运用、竣工交付。但其中模型的交付还处于初探阶段，很多交付标准都没有明确，很多内容需优化和完善。同时住建部印发的《2016-2020年建筑业信息化发展纲要》也明确指出了在BIM模式下监理成果数字化交付的迫切需求。

本文将基于BIM技术，提出监理数字化成果交付体系的几点重点内容，以期能为建筑信息化发展，建立新的监理成果数字化交付、查询及存档体系，推动完善基于BIM的工程竣工的备案模式。

一、监理BIM数字化成果交付流程

实际工程当中，监理单位一般都不是建模单位，更多的是扮演模型的使用者的角色。但BIM模型的全寿命周期中，监理单位应作为成果交付方之一，对模型应有自己的监理的审核控制制度，同

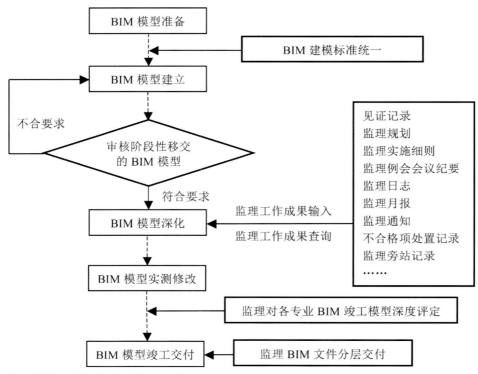

图1 监理BIM数字化成果交付流程图

时监理过程的成果也应基于BIM模型有相关内容的输入。BIM模型的建模单位应类似"专业分包"队伍,其进场"施工"前及"工程"完工后,作为监理单位应有完整的控制流程,具体的交付流程见图1。

可见在整个数字化成果交付流程中,监理也主要是从事前、事中、事后三方面进行控制。事前控制主要是指的建模之前的标准的规划及统一;事中控制主要指的是建模单位阶段性模型移交后的审核以及与现场施工同步的建模过程中,监理单位工作成果的数字化的一个输入、实时信息查询;事后控制主要是监理单位对竣工完成模型的评定及监理成果的分层交付。接下来的章节将分项说明各个过程的监理单位应重点控制及主要工作内容。

二、建模标准的统一

在整个交付流程中,监理主要的BIM数字化成果都是基于已有的BIM模型的基础之上,一个通用的模型将是监理单位使用BIM模型及提交数字化成果的基本条件,同时也是各参建单位协同工作的重要信息环境。由此在BIM模型建立的开始,各参与方就BIM建模标准应有一个详细的规划及统一。

(一)BIM交付深度统一

BIM模型的深度是竣工模型交付的重要标准之一,也是监理后期进行竣工模型深度评定的所需统一的参评标准之一。在建模之前就应根据自身项目建设完成后的需要,就模型交付深度作出明确、具体的要求,并以书面形式发送BIM模型参与各方,以免最后交付模型时存在较大争议。

(二)BIM交付信息格式统一

BIM模型的建模的软件种类繁多,比较主流有Revit、Bentley、ArchiCAD、Rhino、Tekla等。从纵向说,高低版本兼容性的问题,从横向说,各版本软件数据的互通的问题,这些都将导致最后的竣工模型交付时会存在许多版本的文件格式,或是在传递文件的过程中易造成数据的丢失,不利于最终成果的交付。所以约定一个BIM模型使用的统一的平台（全部汇总至具体的某个版本的某款软件）也是交付的关键点之一。

（三）BIM构件命名规则统一

这一点常常容易被缺乏经验的建模单位所忽视，在模型的建立之初就应对每个构件的命名进行要求。这一规则的统一为后期碰撞检测出具的碰撞检测报告以及迅速定位构件位置有非常重要的作用。而且对监理单位等接受方而言，也更加容易理解模型构件含义，便于参与协同使用。根据以往的建模经验，建议采用格式命名如："楼层—构件名称—构件尺寸—备注"的方式。如建一个框架梁：4—KL4（4）—400X400—赛场中心区。

（四）BIM分期分区交付计划统一

从时间上分期交付，从空间上分区、分部交付，不管是分阶段的交付还是总体的竣工交付都将更为有组织、有计划。建模前双方应约定阶段性提交的过程BIM模型完善程度，通过验收检查发现BIM模型的不统一的情况及时进行改进，也便于阶段性控制，避免最后造成大面积返工现象。

三、审核阶段性移交的BIM模型

建模单位将阶段性的BIM模型移交给监理单位后，监理单位作为模型的使用单位，更是模型的监督单位，应主要审核以下几点：

（1）监理单位应率先审查之前统一的建模标准是否均已按照要求落实：BIM模型使用的软件版本是否为之前统一版本；BIM模型是否按照先前约定的分期分区模型建立；随机抽查点选BIM模型中的构件，并点开"属性"栏查看构件的参数信息是否添加完整；构件的命名规则是否参照之前标准执行。

（2）除此之外，监理单位也应审核BIM模型的合规性，即构件的规格尺寸、标高、结构材质、轴线等基本信息是否是严格按照设计图纸建立。

（3）随着工程的进展，可能出现设计变更或是图纸的变更，在此阶段的BIM模型是否已经参照变更的内容做了相应的更新。

四、基于BIM技术的监理工作成果数字化输入、查询

监理工作要与BIM技术进行深度融合，应更多考虑将工作成果数字化，并与BIM模型有机地结合在一起，此阶段是整个监理交付流程本系工作的重点也是难点。本监理单位借助自主研发的基于Revit二次开发的监理BIM插件来实现这一功能。

与其他工程上使用的主流插件一样，监理BIM技术也存在自己的选项卡页（RibbonTab）[1]如图2，现阶段的卡页中主要包括五个面板（RibbonPanel），分别是见证记录、监理业务文件、监理工作记录、监理指令以及监理BIM模型深度评定（深度评定将会在后续内容说明），每个面板下有各自所需功能的命令按钮（PushButton），下面将逐一说明监理工作成果数字化的主要手段及过程。

（一）见证记录

见证取样和送检是监理单位保证现场进场材料质量的主要控制手段，对实现工程质量目标起重要作用。见证记录是在见证过程中形成的文字资料，是监理单位存档的资料之一，而以往的见证资料多靠文字描述，且文字描述也只能表示取样大范围区域和轴线，基于BIM模型的监理见证记录可以通过导入见证部位构件，具体指明取样的构件位置，且较之前平面更为直观、明显。见证记录面板（图3）下有"输入"和"输出"见证记录两个按钮，实现了见证记录与BIM模型构件实时对应这一功能。

图2　监理BIM选项卡页

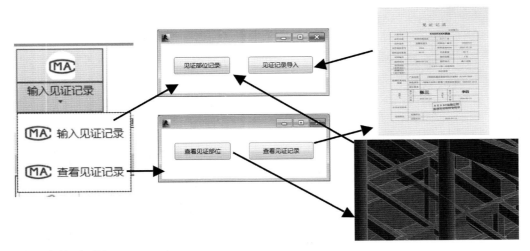

图3 见证记录面板

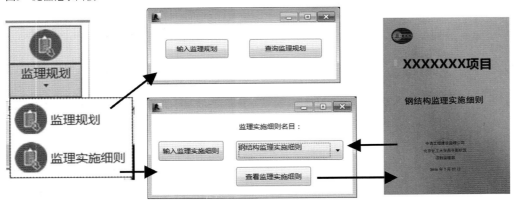

图4 监理业务文件面板

（二）监理业务文件

监理规划是指导监理工作顺利开展的文件，监理实施细则是依据监理规划的内容来编制，可以说监理实施细则是监理规划针对具体专业内容的细化。不论是纲领性的监理规划，还是操作性的监理实施细则，都是监理针对工程不同阶段而编写的业务文件，它们是紧密联系的，是开展监理业务活动的依据，具有极其重要的地位。基于BIM技术下可以方便监理工程师在检查模型的同时随时查看此类指导性文件，明确监理依据。不仅可以更好地审核BIM模型建立的准确性，也更有利于监理工程师深化现场监理管控重点，做好预控工作。监理业务面板（图4）下主要有"监理规划"和"监理实施细则"两个按钮。在"监理实施细则"下的下拉组合框中可以实时显示已经输入的实施细则，方便了解已有的细则清单情况，检查是否缺项，同时也方便监理工程师随时调用查看已有的细则。

（三）监理工作记录

监理每日、每周、每月工作都会相应留下工作记录，这些都是监理工作痕迹的体现，也是增强监理工作可追溯性的一种手段。

监理工作记录面板（图5）主要分"监理日志""监理例会""监理月报"三个功能按钮，其中监理日志是以日期为索引，输入每日监理工作的内容，同时也是以日期为索引查找具体某个日期的工作日志。监理例会采用双索引，即例会期数和例会日期，当输入例会期数时，可以得到例会召开的日期及例会会议纪要。监理月报采用与监理例会类似模式，采用月报期数为索引，可以输入和查询各期月报具体内容，同时基于BIM技术，监理月报

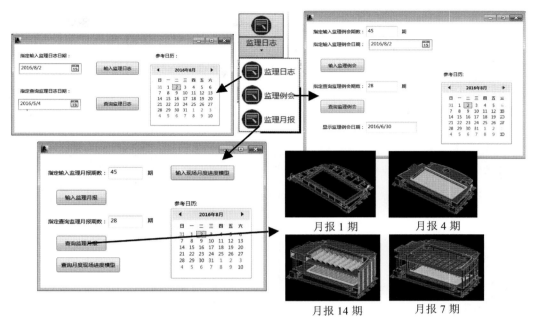

图5 监理工作记录面板

形象进度不再是图片和繁杂的文字描述，而是建立BIM模型与监理月报中形象进度的联系，同时提供展示月度进度模型的功能，可以方便监理单位直观地得到现场工程进度。

（四）监理指令

监理过程中，监理工作是通过一系列的指令与施工单位进行交流、沟通的，具有一定强制性。监理指令是监理工作的重要记录，在监理活动中具有重要作用。

监理指令面板（图6）主要包括"工作联系单"和"监理通知单"两个功能按钮，以指令的编号为索引，基于BIM技术建立模型中构建与监理指令单内容之间的联系，能实时定位联系单或通知单中构件的具体位置，更为迅速、直观。同时通过对构件进行不同颜色（联系单构件标黄色，通知单构件标红色）的标记，还可以批量地、有区别地显示BIM模型中的"问题部位"，有助于提高监理工作的整体管控。

这个数字化的工作成果不应是仅仅局限于上述所说的五个面板板块，而应该是一个不断丰富、不断拓展的过程，这里只是挑选了几个具有监理工作特点的项目进行举例说明，以期起抛砖引玉之用。

五、各专业BIM竣工模型深度的监理评定

BIM竣工交付模型的深度是整个交付体系中的一个重要评定参数，常用的交付深度有国际通用标准LOD[2]及北京市地方标准《民用建筑信息模型（BIM）设计基础标准》（以下简称《标准》）中模型深度等级表来评定。

LOD（Level of Development）深度是以美国建筑师学会（AIA）文件G202TM-2013所设立的。LOD被定义为5个等级，从100、200、300、400到500，分别对应的是概念化设计、近似构件、精确构件、深化加工、竣工设计。

北京地方标准中的模型深度MD针对建筑、结构、机电专业有自己相应的深度等级表作为评定的标准，等级表中对每项评定的内容描述详细，较LOD更为客观，更易量化。故本文采用的模型深度对建模单位竣工交付的各专业模型进行精度的评定。

《标准》中的BIM模型深度分为几何和非几何两个信息维度，每个信息维度分为5个等级区间，从1.0至5.0。BIM模型深度评定时，评定人员需

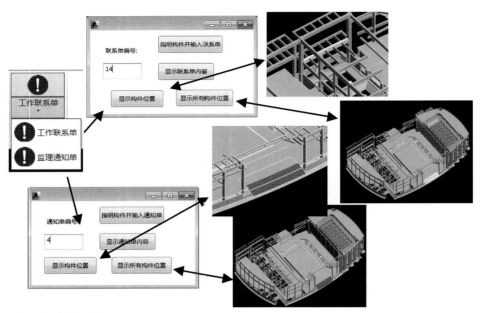

图6 监理指令面板

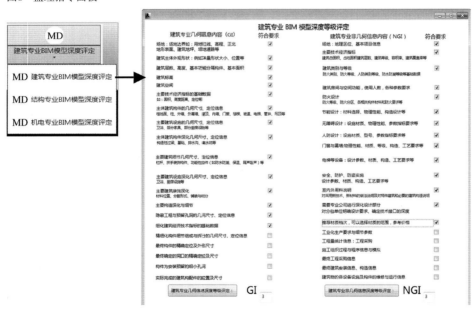

图7 监理BIM模型深度评定面板

按需求选择不同专业和信息维度的深度等级进行组合，其表达方式为：

专业 BIM 模型深度等级 =[GIm，NGIn]

GIm——该专业的几何信息深度等级；

NGIn——该专业的非几何信息深度等级；

m 和 n 的取值区间为[1.0~5.0]。

监理单位对 BIM 各专业模型竣工交付物的等级划分应以此为评定的依据，既有利于供需双方统一认识，也可以规范建模单位的建模行为，加强监督和管控，保证 BIM 模型的质量。以建筑专业 BIM 模型深度评定（图7）为例子，监理工程师根据已有的等级评定标准，逐条核对模型并钩选，最后自动计算得到模型的几何与非几何信息的模型深度作为监理深度评定的最终结果。

图8 监理BIM文件分层交付

六、监理 BIM 文件的分层交付

到了整个交付流程的最后环节，监理的 BIM 文件应与工程监理资料类似，最后归档保存的单位依据监理、建设、档案馆各不相同，监理 BIM 文件应是一个分层次的交付的过程，针对不同的归档单位交付不同的数字化成果。参照北京市地标《北京市建筑工程资料管理规程》将由插件生成的各类文件根据需要有选择地交付与建设单位（图 8）。

监理的 BIM 文件应远远不止上图所示的这几类，正如上文所说的，监理 BIM 选项卡页中的面板数量应根据各地区的具体要求相应增加，最后移交给建设单位或档案馆的具体文件也应根据具体规范标准、合同及建设单位要求相应地拷贝移交。

七、结语

BIM 模型多被关注于碰撞检测、净空分析方面的运用，而 BIM 模型是否合规、交付标准的确定、标准是否统一等基本问题却常被人所忽视。但随着建筑信息化的逐步发展，BIM 技术将会更加广泛地运用于建筑行业，BIM 模型的运用过程中标准不一、交付无果等现象势必会越发明显。成果的交付标准以及成果的保存与移交方式将显得日益重要起来。

本文借助自主研发的基于主流软件 Revit 的监理 BIM 插件，探索基于 BIM 技术的监理数字化成果交付体系，对新的监理工程竣工备案模式的建立，具有一定指导意义。且随着 BIM 技术的不断发展，BIM 技术与建筑业融合的深度不断加深，监理 BIM 插件需求的不断加大，监理 BIM 选项卡页内容将会不断地拓展，届时监理 BIM 交付体系会更加完善和系统。

参考文献：

[1] 佚名. Autodesk Revit二次开发基础教程[M].同济大学出版社，2015.

[2] 2016 Level of Development Specification. [EB/OL]. http://bimforum.org/lod/，2016.

加强监理人才队伍的培养和建设的方式方法

连云港市建设监理有限公司　程祥

摘　要： 随着监理服务内容的不断深化和拓宽,企业对监理人才综合素质的需求越来越高,对监理人才能力的培养和提高显得尤为重要。本文主要介绍监理单位如何在人才引进、使用、培养、提高、激励等方面做好人才队伍的培养和建设。

关键词： 监理人才　培养　建设　方式方法

我国通过实行建设监理，使建设工程管理体制开始向专业化、规范化的管理模式转变，在项目法人与承包商之间引入了建设监理单位作为中介服务的第三方，在项目法人与承包商、项目法人与监理单位之间形成了以合同为纽带，以提高工程质量和建设水平为目的的相互制约、相互协作、相互促进的一种新的建设项目管理运行体制。监理企业是提供专业技术服务的企业，监理的主要工作是通过监理人才的专业技术服务来实现的，所以人才对于监理企业的生存和发展至关重要。在当前新形势下，监理工作不只是运用技术服务进行质量检查，还需要运用经济手段和合同手段进行全方位、全过程的控制。监理工作在实现建设工程质量、进度、投资控制目标和加强建设工程安全生产管理等方面发挥了重要作用。当前监理企业的竞争，实质上就是监理人才的竞争，所以，加强监理人才队伍的培养和建设，对企业的发展壮大至关重要。

对于一个企业来说，人力资源的计划、竞聘、选择、开发、研究、考核和管理都是十分重要的。企业通过工作分析、人力资源规划、引进人才、绩效考核、薪酬管理、激励政策、人才培训和开发等手段创造一个令人心情舒畅的氛围和工作环境，充分激发人的主动性、进取性和创造性，提高劳动生产率，最终达到企业发展目标。

建设监理是一种高智能的、科学化的有偿技术服务。作为监理单位，高智能复合型人才是企业生存和发展最宝贵的财富和源泉。有一支高水平的监理队伍、一批高素质的监理人员，监理工作才会顺利地展开，才能取得长期生存和发展壮大。

一、建立人力资源规划

人力发展包括人力预测、人力增补及人员培训，这三者紧密联系，不可分割。人力资源规划一方面对目前人力现状予以分析，以了解人事动态；另一方面，对未来人力需求做一些预测，以便对企业人力的增减进行通盘考虑，再据以制定人员增补和培训计划。所以，人力资源规划是人力发展的基础。目前，人员的大致情况是知识结构不合理，主要是监理人员缺乏经济管理、法律等方面的专业知识。这就要根据自身的发展经营规模来加强人力资源管理工作，注重人员的引进、培养、使用、管理和储备，拥有一批高素质的、能实干的从业人员，确保在必要的时间、条件下可以获得具备相应技能、资格的人员上岗执业。

二、建立合理的用工制度

监理是一种高智能服务行业,要求监理从业人员具备专业技术、经济管理和法律等方面的多学科知识,而且要有丰富的实践经验,特别要求总监有一定的组织协调能力、指挥领导能力和处理复杂问题的能力,专业监理工程师则应在其专业方面能独当一面,成为专家,体现出监理组织活动 1+1＞2 的效果。这就需要组建一个专业技术配套、岗位结构合理、年龄层次适中、人员数量精简、工器具齐全的监理组织机构,保证工程监理在技术、经济上的可行性。

1. 在用人方面,遵循"能者上、平者让、庸者下"的原则,建立起科学的用人机制,防止人才流失。要能培养出人才,使用和留住人才,特别是高级技术和管理人才,这些人员的来源可以通过企业自己培养,也可以从社会上招聘,但首先应是自己培养,这就要求我们建立一个强有力的人才培养、引进机制,做好人力资源的开发管理工作,使那些有敬业精神、业务能力强、乐于从事监理事业又积极负责的人员能有用武之地,委以重任;打破原职工与聘用职工的界限,一律根据本人的执业能力、监理业绩及其他等方面的综合表现,分别签订不同年限的聘用合同,使员工与企业捆绑在一起,同呼吸共命运,保障监理工作顺利进行。

2. 通过竞争上岗来激励职工树立危机感和竞争意识,在用人方面可实行全员竞聘上岗制。根据《监理规范》及监理有关法律法规规定,制定出各岗位职责、竞聘任职条件和竞聘程序;依据"公平、公正、自愿"的原则由本人提出竞聘申请,报公司人力资源部进行资格预审,预审合格的参加竞聘答辩,通过竞聘答辩的与企业签订岗位聘任合同,合同中明确岗位名称、职责、权益及有关的相互制约条件,经岗前培训上岗。通过竞聘选拔出合格的高素质人员,保证监理目标的实现。

3. 应建立起新的岗位工资制度。采取"以能定岗,以岗定责,以责定薪,定期考核,动态管理"的工资形式。力求使责权利协调一致,充分体现"任务靠市场、岗位靠竞争、使用靠技能、收入靠贡献"的原则,保证只要是人才就"用得起、留得住",使企业在激烈的竞争中立于不败之地。

三、建立行之有效的绩效考核制度

定期和合理的绩效考核是企业有效发挥每位员工积极性、能动性、创造性,并且与竞争机制、激励机制和约束机制相联结的关键所在。为此,需切实地把员工的绩效考核成绩与其酬金挂钩,体现"绩大效高报酬多"。

1. 考核目的和原则

(1)通过绩效考核,全面评价员工的工作表现,使员工了解自己的工作表现与获得报酬、待遇的关系,增强努力向上工作的动力。

(2)使员工有机会参与公司管理程序,发表自己的意见,提出合理化建议。

(3)获得确定人员晋升、岗位调配的依据,重点在工作能力、工作表现上考核;获得确定人员工资、奖金的依据,重点在工作绩效上考核;获得对人员潜能的了解和开发、培训教育的依据,重点在工作适应能力上考核。

(4)以岗位职责为主要依据,坚持上下结合、左右结合、定性与定量相结合的考核原则。

2. 考核方法及内容

根据实际情况并结合监理项目的特点,制订出合理可行的绩效考核方法和标准,强调考核与经济挂钩;考核可采取自评、互评、领导评、评委小组综合评定的方式;考核与检查、指导、帮助相结合。

(1)对公司副经理、工程部经理等执行层实行半年绩效考核。考核内容从经营业绩、经营成本、技术管理等方面综合考核。

(2)对项目总监、总监代表等实行季度绩效考核。考核内容从业务素质、身体素质、道德素质,或从实际能力,如管理能力、组织能力、计划能力、指挥能力、控制能力、协调能力、预测能力等进行考核。

(3)对专业监理工程师、监理员等实行月度考核。考核内容从职业道德、工作技能、工作执行和完成情况等方面进行考核。

（4）对项目部的考核，通过建立定期或不定期的巡检制度，由人力资源部、技术部共同参与综合评定项目部工作情况。内容从人员配备、技术装备、技术资料、办公室布置、企业形象等方面进行考核。

四、加大监理人员的培训力度

提高员工的综合素质是企业发展的根本。而人员素质包括两个方面：一是其人员本身的专业技能；二是监理人员的职业道德。面对激烈的市场竞争，监理企业必须注重科学的员工培训工作，以不断更新人员的专业知识，调整其知识结构，为员工创造不断学习提高的机会。

1. 制订企业内部员工的培训制度和培训计划，有计划地采用各种途径，如送出去、请进来、自行培训等实施员工的强化培训。

2. 重视岗前培训，坚持先培训后上岗，弥补经验不足；加强在岗培训，学习新知识、新技术、新观念；鼓励员工业余自学，对取得相应执业资格的人员给予奖励或相应政策，养成学技术、学经济、学法律、学合同、学公共关系、学管理的氛围，增强企业的凝聚力和活力。

3. 建立应聘人员、在岗人员培训档案且与员工的考核和经济分配挂钩。

4. 要营造一个团结、协作、宽容、信赖、和谐、奋进的环境，形成一种积极向上的企业文化，增加企业、员工的亲和力。

五、建立学习型监理组织

合理的激励机制，是企业激发员工积极性和创造性的有效手段。一般来说企业员工学习内容分为理论学习、技能培训及经验学习总结等几方面。一个有竞争力的监理企业，不仅需要大批现场管理能力较强的员工，还需要有更多研究问题、解决问题的创新型员工。因此在激励制度上就更应进一步细化，让更多的技能提升者和专业研究者感受到学习的重要性以及所带来的实惠。

1. 以岗位为基础开展岗位技能评比活动及技能竞赛。学习型企业文化倡导的是全员学习能力的提高，因此应进一步推广评比面，提高竞赛的深度和广度并建立良好的奖励机制。要采用在矮个子里挑高个子的方式，选出极少数人进行表彰，起到树立旗帜的作用，在企业各种岗位建立赶、学、比、超的学习氛围。

2. 鼓励员工参加各种技能资格取证考试。随着科技的不断发展，各行各业的分工越来越细，国家对各种行业的管理要求也越来越严。企业可以此为契机，鼓励员工参加各种资格证的取证考试，并对取得资格证的员工进行适当奖励。这样，员工就可以依据自己的岗位工作，结合自身的兴趣、特长，有选择地进行学习，企业的学习氛围就能很好地建立起来。

六、建立良好的人员后勤保障制度

监理工作地点大部分随着工程项目而变动，监理范围根据业主的委托而不同，监理目标依据合同而变化，这就要求监理人员能适应各种环境和困难，要有一颗平静的心安心工作，能处理复杂和应急问题。为此，企业要建立一个有力的后勤保障制度，创造一个良好的工作环境，以便保障员工能安心工作、用心工作，排除各种干扰。如为监理人员办理各种保险，增加福利、劳保、制定休假、再学习计划，等等，增加企业的亲情、人情，以情感人、以感动人；在人员合理调配时也能使"能者安心工作，平者自动让贤，庸者心甘下课"，形成以"人力管理来调度一切"的有利局面。

总而言之，快速提高监理业务水平的有效途径之一就是加强监理人才队伍的培养和建设。通过监理工作内部交流和业务学习，进入监理行业的新人能很快适应监理岗位工作，团队精神能很快集聚，整体战斗力明显增强。利用业务学习制度，培育并建立弥漫于整个监理组织的学习气氛，发挥并挖掘员工的创作热情和思维能力，从而建立起一种有机的、具有企业文化涵养的、形成超越制度之外自律自强的、能不断持续和发展的监理企业。

监理人七戒

山西省建设监理协会理论委员会　殷正云

> **摘　要**：本文从如何做一个合格的、称职的、优秀的监理人员工作实际出发，从减少监理工作失误，规避监理责任风险出发，联系实际、实事求是地提出了监理人七戒，并阐述了易造成过失的种种表现和防范措施。
>
> **关键词**：监理人　七戒

监理人员如何成为合格的、称职的、优秀的监理人员，在坚持与时俱进，不断提高自己综合素质的同时，在具体的监理工作中要做到"七戒"，努力减少工作失误，减少因为监理自身工作产生的问题，给个人和企业带来风险。

一、戒失节

工程监理人员是建设工程咨询人员，受建设方委托负责对第三方实施工程技术管理。监理人员如果在监理工作中失节，就会直接给建设工程质量和安全造成恶劣的后果，或埋下隐患。这从小处说会影响你所监理的工程目标实现，有负于企业和建设方的重托和期望。从大处说，可能使国家利益蒙受损害和人民生命财产的安全受到威胁。监理人员戒失节，反映在监理工作的方方面面，与施工方串通一起欺骗建设方；或对不合格的施工文件、不合格的报验睁一只眼、闭一只眼轻易放行，放弃监理的监管责任；与施工方勾勾搭搭，拉拉扯扯，为个人谋取好处；在监理中有意偏袒某一方，有失公开、公正、公平等；监理人员失节是涉及个人品德的大事。一个监理人员如果人做不好，缺少应有的品质和良知，见利忘义，"吃拿卡要"，不能严格要求、严格自律，缺少应有的监理职业道德、职业纪律，即使其他方面再有水平、再有能力，也因为德行不好这一条就不是一个称职的监理人。监理人员应该是面临各种诱惑，包括威胁恐吓的情况下，一尘不染，临危不惧。始终坚持"守法、诚信、公正、科学"的监理基本在原则，不为物役，坚守做人的底线，敢于坚持自己的立场，能做出正确的选择，用实际行动维护自己的尊严和企业的形象。

二、戒失理

监理手中的权很大。有签发工程开工令、暂停令和复工令，签发工程款支付证，组织审核竣工决算，签认、审批各种建设文件等权力。这些权力都是建设方赋予的，是监理合同和建设工程监理规范所明文规定的。这些权力是为了要保证监理人员在监理工作中完成监理任务，需尽职尽责。监理人员应慎用手中的权力。监理工作决不是仅仅听你怎么说，而是要讲国家的法律法规、行业的规范、标准、强制性条文是如何规定和要求的。要根据法律法规和工程建设标准，根据建设工程勘察设计文件，根据建设工程监理合同及其他合同文件从事监理工作。因此，在日常监理工作中要学会拿起法律的武器，会运用这些武器去做好工作。在给对方指出或纠正的问题时，要言出有法、言之有理、言之有据。要指出发生问题可能造成的危害，发生问题的症结，违反了什么规范标准。如果监理人员不熟悉这些法律法规、规范标准，特别是不能联系监理工作实际用得准、用得好，而是张冠李戴，就会贻笑大方。施工方一是不买你的账，还会看不起你。监理要不失理，熟悉法规是一方面，更重要的要在监理工作的历练中不断积累经验，提高自己的职业素养和职业水平，要在监理工作中仔细检查、缜密思考，使自己说出的话切中问题的要害，使对方心服口服。不能无根据、凭想象的乱说，也就是不能失理。你如果说的话老是不靠谱，就会失理、失信。监理人员在监理工作中，也不能因为自己是监理而高人一等，动辄训人，或者失颜、失态，出言不逊，干出失理的事情。

三、戒失规

俗话说，没有规矩，不成方圆。监理的理就是监理的规。笔者认为，规要更为具体、更加规范、更为直观、更具可操作性。比如，施工过程中的程序控制，先做什么，后做什么，都直接关乎工程质量和安全，所以，不能不讲规矩乱来。又比如，施工方往往利用建设方的优势搞特殊，对甲供或甲方指定的材料、构配件实行免检或先使用后检验，干出马后炮的事。再比如，工程验收不按规定要求办事。不是按照正确的程序先验收施工资料，资料验收合格之后，再验收工程实体，而往往是翻了一个盖儿。不少工程是验收完了后，再去补资料。其实这都是违规行为。监理人员不能失规，讲的就是监理工作要严格程序、把控好施工过程的每一个环节，用必需的程序来确实保工程质量和施工安全。

四、戒失察

监理人员根据每个人的专业有不同的分工，有各自不同的监理职责。失察就是失职，就是不作为。为什么会出现失察的问题呢？从根本说，就是缺少工作的责任感和事业心。再强的能力也需要责任来承担。如果工作不认真，就很可能出现失察的现象。具体分析失察的原因：一是犯经验主义，有的多年从事监理工作的人员喜欢凭老经验办事，自认为有把握，不会出现问题，结果却偏偏栽了；二是盲目相信对方认为他不可能在这个部位、这个环节发生问题，而却偏偏出现了问题；三是缺少忧患意识，对工作往往过于盲目乐观，看不到工作中可能发生的隐患，这类的监理人员往往分辨能力弱，思考逻辑不够，容易做出错误的选择。监理人员对监理工作应该充满信心，在战略上藐视，对工作中取得的成绩也应该从中受到鼓舞，获得正能量。但战术上还是应该高度重视，忧患意识一刻也不能丢。在工作中只有如履薄冰、如临深渊、审慎做事，才能不放过每一个可能发生的隐患或事故。

五、戒失细

监理工作出现失察，往往与失细有关。监理工作虽然是工程建设，但是要求监理人员必须细心、细致。监理工作包括案牍工作和现场监管工作，都需要这种细致作风。有的监理方自身做的监理方案、监理规划、监理细则，往往不细，特别是一些关键性问题上几笔代过。方案缺少应有的深度，规划缺少完整性，细则缺少可操作性等；有的甚至不结合本工程特点和实际，随意下载其他项目规划，改头换面以后变成自己文件。审核施工方施工组织设计，审批各种方案，缺少认真、细致的审查，有的在思想深处对施工文件并没有足够的重视，审批、签字、签认，没有认识到建设资料是监理工作的重要组成部分，错误地认为这些都是虚的，是一种形式。其实监理的工作、监理的成果既融进了建设工程实体，也同时反映在这些工程资料中，如果要分清事故的责任也全凭这些原始资料取证。工作不走心，常常是大笔一挥写上"同意"二字，其不知你就有了责任。现场监理对工程的关键部位、关键环节，有些监理人员心中无数，人虽然在现场，但往往事无巨细，抓不住重点，该管的事管不住、管不好。细节决定成败。在一些重大的可能发生问题的关键点，一定要细，细才能准，确保监理工作万无一失。

六、戒失和

和为贵。和谐的工作环境是做成事、做好事的前提条件。监理人员在工作中接触面广，涉及的各参建单位的人多，特别是要与建设方打交道，有一个和谐的工作环境十分重要。项目部是一个整体、一个战斗的团队。内部人际关系融洽，善于合作共事，也是发挥团队工作效能的基本保证。戒失和，就是要确保团队同心协力，有一支有凝聚力、向心力，充满热情、士气高涨的团队。如果监理人员与建设工程的其他参建方关系不融洽，在工作中缺少有效的沟通，就很难形成合力，监理工作就会人为地造成困难。如果监理人员之间失和，项目内部关系紧张，意见产生分歧，搞内耗，那工作就更难做好。如果监理团队思想不一致，步调不统一，监理就很难履行好监理合同所规定的监理任务。项目团队要像一个大家庭，互

相关心，互相爱护，互相帮助，不断增过彼此的感情和友谊。特别是项目总监更要做好增进团结的工作，在艰苦的条件下，许多项目都在外地，更要多关心，尽可能改善工作环境和生活条件，使监理人员心情舒畅，以快乐的心情去面对困难，做好工作。监理人员对其他参建人员要多尊重，善于倾听他们的意见或建议，虚心向他们学习，主动搞彼此之间的关系。遇事要冷静，不急不躁不动怒，说服对方要晓之以理、动之以情，让对方确实看到自己的诚意。不能失礼，要表现出监理人应有的修养和气度。

七、戒失信

人以信立，言以信明，友以信交，师以信勇。监理人员在监理工作中的话是有分量、有影响的。所以，在说话时，要特别谨慎，哪些当说，哪些不当说，什么时间说，如何说效果更好？这都是监理人员在沟通中要不断总结和积累经验的，不能图一时痛快，口无遮拦，随便乱说，要做到动机和效果的有机统一。特别是要答复的问题，一定要想清楚、想明白再说。不能随便发号施令。要不轻诺，诺必果。言出即行，一言九鼎。监理人员要分清场合，说话要内外有别。在项目部对一些不清楚、有争议的问题，可以通过互动，进行争论、学习求得认识的统一。在工作中对不清楚或不懂的问题，不能不懂装懂。要做到信，首先就要诚，诚才能信。诚才能使对方真正受到感动，对你心悦诚服。如果监理人员没有诚意、诚信，说话不算数，或者朝令夕改，都会失去监理人的威信和尊严，也就失去了做好工作的基础。

监理人员在监理工作中历练自己，只有严格要求、严格把控，才能在职业素养、职业技能、职业水平方面有更大地提高，在职业化的道路上走得更远，成为企业优秀的监理人才。

企业人才管理的思考

西安四方建设监理有限责任公司　杜建平

> **摘　要：** 现在的企业，已经无法用"水坝"把人才储存起来了，当人才愈来愈像河流自由流动之际，企业人才管理的重点，不在于要不要流动，而是如何管理其流速与方向。
>
> **关键词：** 企业　人才流动　管理思考

现在很多的企业在管理人才上感觉非常的无力，企业人员不少，关键时候无人可用。这使得许多公司经理人不仅考虑公司的业绩该如何提升的同时，更要思考怎么争取、留住骨干员工。

为了避免人才流失，一些公司也采用各种对策，除了提高薪水、增加福利之外，还有很多公司实行员工持股，或者对员工采取家庭成员式待遇，通过各种途径让其参与经营，签订无固定期限劳动合同，解决子女入学，或者是将主管提早放在储备领导的位置上，免得他们受到外界的"诱惑"。一些大型传统公司包括联想、百事可乐、惠普等，都提早指定了未来的接班人，希望稳定军心。

但整体来看，似乎再多的努力仍然没有办法减缓人才流动的频率。今天，影响员工流动的已经不是企业个别因素，而是社会环境本身。

对一个企业来说，究竟应如何面对这个巨大的管理挑战？

滨州大学华顿商学院教授卡培垔（Peter Cappelli）曾在《哈佛商业评论》上，提出一个重要看法：不要把人才当作一个水坝，应该当成一条河流来管理；不要期待它不要流动，应该设法管理它的流速和方向。

换句话说，公司不要再把留住人才当作一个目标和任务，而是设法通过工作设计、薪资、发展空间、团队建立，甚至和其他公司分享员工等方式，影响员工流动的方向以及频率，来解决这个问题。例如美国（UPS）公司的货运司机过去流动率极高，但是他们清楚知道每条路线的状况，也和顾客建立了个人关系。一旦有人离职，就要经历重新找人、训练、熟悉顾客的漫长过程，带给公司极大的困扰。UPS公司经过研究之后发现，原来司机们最头痛的是每天出门前，必须把货搬上车的过程。

UPS公司于是立刻安排另一批专人负责装货的任务，结果司机的流动率马上大幅度下降。当然，装货的工人的流动率高达400%，但是因为这个职位不需要特殊技能，高流动率对公司的影响不大，只需要找些普通人员，简单说明一下原则就可以上线了，因此 UPS 公司通过工作设计有效解决了人员流动的问题。

一、员工离职的可能性原因

（一）整体薪酬水平的竞争力

企业的薪酬在市场上和行业领域里是否真正具有竞争力，是决定一个企业的市场人才地位的重要标准。企业能否根据市场行情及时制定并审核企业薪酬水平，是否对员工为企业发展所作的贡献及时给予认同并加以奖赏，是企业人力资源竞争力强弱的具体体现。

（二）发展机会

当企业出现大部分的职位空缺时，主要是通过企业内部选拔人员，还是从公司以外招募人员来填补？有没有考虑到为员工提供职业发展和学习机会？

（三）管理方式

员工的流失与企业的管理方式密切相关。员工流失率最高的部门，要认真分析采取的是什么样的管理方式？员工是否觉得自己没有发言权？员工是否认为自己的贡献得到了认可？

（四）工作环境

为了填补人员需求和适应经营中的波动，企业是否会雇佣临时人员？大量临时人员的聘用，正式员工就会变得懈怠，因为他们会以有资历的人员自居，指挥临时工完成本应他们应该完成的工作。临时工工资低于正式员工，内心产生极大的不平衡感，直接影响企业人员队伍的稳定。

（五）员工的参与程度

企业是否让员工参与设计与实施那些对员工有影响的运营机制和规章制度？企业文化与价值系统是否鼓励开放的交流和员工参与？

二、员工对公司是否有足够的价值

当员工要离开企业时，一定是经过深思熟虑的。如果员工对企业现状不满并已决心离去的话，提高员工薪酬也未必能让他回心转意。如果以提高待遇来挽留离职员工，有可能破坏企业的整体薪资结构，同时也能给员工传递一个错误信息，认为这是提高收入的绝佳方法。

在某些情况下，那些接受了公司条件而留下来的员工有可能会对公司不忠诚。结果公司正常运作所依赖的相互信任氛围就会受到严重的影响。

对不同的员工最好的是具体情况具体分析。问问自己：这名员工在团队中是否真的有价值？他掌握了别人无法替代的知识与技能吗？从以往的业绩来看，值得给他额外的补偿吗？他留下来以后，还会不会一如既往地为公司效力？

三、管理员工流速和方向的方法思考

（一）关注员工内在需求

职业的取向是双向的，组织与个人都有选择的权利，组织需要合适的人才，那么合适的人才也需要合适的组织和平台。寻找更适合的平台发挥自己的潜能，这几乎是各职级打工者的本能反应。随着时代的变迁，这种反应比以往更为强烈。相比60后、70后的追求稳定发展，80后和开始步入社会的90后无疑更乐于彰显个性，实现个人价值。

我们经常看到学者们撰写文章，博士们到世界各地为各类会议演讲，这些行为可能在物质上没有回报，但是却能给予人成就感。

人们对做事的内在动机的需要，远高于对就业保障的需要。员工希望他们的努力被人注意，希望作为个体被认可。

（二）工作富有挑战性

变化繁多的游戏总比单纯的游戏来得有趣。同样的道理，工作本身富有变化，做起来便可以使人充分发挥自己的能力。员工会把攻克难关看成一种乐趣，一种体现自我价值的方式。

员工若自始至终做同样的工作，就容易拖拖拉拉。我们应当指导员工改变对工作的态度，请员工经办两件或三件工作，或让项目经理同时管理两个或三个甚至更多的项目，这样的方式，叫工作扩大化。

当员工觉得现有工作已不再具有挑战性时，就可以通过岗位轮换的方法，将其轮换到同一水平、技术相近的另一个更具挑战性的岗位上，这样带来的丰富工作内容，就可以减少员工的枯燥感，使积极性得到增强。

（三）提供多重的职业生涯发展路径

在员工当中，有人希望通过努力晋升为管理者，有人却只想在技术专业上得到提升。因此，企业应该采取多重职业生涯通道发展的方法，来满足不同价值观员工的需求，但必须使每个层次上的报酬都是可比的。

西安四方监理公司就是采取多重职业生涯发展路径获得成功的典型企业。他们将公司职业发展通道分为三大类，即技术类、技能类和管理类。每个员工都可以根据自己的兴趣和能力选择职业发展的路径，但是前提是必须在本岗位上工作满三年。对于技术、技能人员建立正规的技术升迁途径，承认他们并给予一般管理者的报酬。同时，为了使不同的职业部门之间建立起某种可比性，他们在每个通道里设立起"级别"。这些级别既反映了人们在公司的表现和基本技能，也反映了经验和阅历。级别的升迁首先经过特设课程的培训和考核后，再经过高层管理者的批准，并与薪酬直接挂钩。

除此之外，西安四方监理公司还支持和组织员工参加国家注册监理工程师、一级建造师、造价工程师资格考试，经济专业职称技术资格考试、国家注册安全工程师考试等相关国家业务专业的考试，并给予奖励，意在提升各类人员的综合素质。

（四）调整员工忠诚的方式

对新一代员工来说，越来越多人是对自己的专业忠诚，不是对企业忠诚。因此，员工可以不对公司作出承诺，但在公司期间，却对工作有很高的投入，对负责的专业工作充分奉献。

因此，以专业和工作团队为基础的工作设计，变成让员工充分投入的一个很好的方式。当员工不把自己视为"组织"的一分子，而是"专业工作"的负责人，他就觉得自己有更多的掌控感。同时，在看待工作时，往往会因为对其他团队成员的责任感，让他有更大的动力，把工作做得更好。

（五）人才流动是企业发展的必然

坦白地说，企业希望经营部经理在这个工作上做多久？又希望公司项目部的总监在公司里任职多久？如果是财务部的会计，或者是行政助理，又希望他或她待多久的时间？答案一定不一样。

如果我们认定，"流动"已经是这个时代人力资源管理的本质，那么公司要做的，恐怕不是降低整体流动率，而是考虑哪些人该留下来，留下来多久？

资深员工的离开也为新锐力量提供了上升空间，为企业的新鲜血液供给提供了助力，正应了中国的一句老话"流水不腐，户枢不蠹"。所谓"新官上任三把火"，他们往往更乐于勤奋地工作，提出更具新意、创造力的观念和工作方法，也让低职级的员工看到了发展前景，愿意更努力地展现才华，争取晋升机会，形成积极的企业内部竞争。

（六）完善知识管理和工作流程

有些时候，企业最应该设法加强的，恐怕不是降低流动率，而是知识管理和工作设计。例如因为某些工作非常依赖少数几位员工，因此他们的流动就对公司形成很大的困扰。但是，如果设法简化工作内容、设计标准化流程，或者给员工多技能训练，可能会大幅解决这个问题。

又如，有些公司的人脉和业务都是在业务员的脑袋里，那么与其一味提高业绩奖金留住员工，不如着手开始推动知识管理，建立储存、分享公司内外知识的机制，对于公司的实质帮助将更大。

四、现在的个人与组织的关系

管理大师汉迪（Charles Handy）在《个人与组织的未来》一书中，对即将到来的变化做了清晰的描述，指出"一些过去被视为理所当然的事，现在看起来已经不那么确定了"。

他提醒我们：过去，我们大部分人，似乎乐于将一生的工作时间完全卖给组织，顺着组织的想法付出似乎是理所当然的。不过，这一切即将改变。组织的重要性已经下降了，个人已经不用隐藏在集体的背后，我们必须站在自己的名字后，使自己得到承认。

为了让员工值得信任，企业必须持续传递给员工最新的知识，经常进行培训。

实际上，联系管理大师的思想和新一代员工的个性特点，可以发现，管理新一代员工的时候不仅需要进行管理方法上的改变，更重要的是进行管理思想上的根本调整。

德鲁克在《管理的实践》中指出，无论是技术性或半技术性员工，生产线工人或领取薪水的职员，专业人才或基层员工，也无论他们做的是什么形态的工作，基本上都没有什么两样。没错，他们的职务、年龄、性别、教育程度不同，但是他们都是人，都有人类的需求和动机。所以，德鲁克强调：我们必须重视人性方面，强调人是有道德感和社会性的，设法让工作的设计安排符合人的特质。

所以，对于管理者来说，重要的也许不是对离职的员工去评价、去指责，而是从人性的层面去了解、尊重和关心员工。只有这样，才能更好地控制人才的流速和方向。

参考文献：
[1] 赵曙明.人力资源管理（第9版）.电子工业出版社，2010-08.
[2] 查尔斯·汉迪.调活团队的情绪和气氛.成功经理人，2006-28.
[3] 王枚.管理"80后"一代.世界经理人，2012-11.

何国胜：追求监理人永远的路

武汉建设监理协会　艾亮

> 何国胜，武汉市江夏交通运输局振通监理公司经理。17年来，他干一行爱一行，并努力干好一行；17年中，先后25次荣获优秀共产党员、行业先进工作者、全区工作先锋等荣誉称号。

路在脚下，路在心中

作为基层领导，何国胜团结全站同志狠抓运输市场管理，围绕目标任务勤奋工作，被同行视为榜样。交通人忘不了每年38万的规费征稽任务，他们总是率先到位；特别是2004年后，规费征稽任务增加到74万元，任务重、压力大、困难多；那些货车、农用车、拖拉机和司机的思想工作特难做。为此，何国胜带领全站职工起早摸黑找司机磨嘴皮、做宣传、送资料、作解释。交通改革，费改税后，他带头配合，主动安抚下岗职工，组织职工学习培训，千方百计为职工谋求上岗机会。2010年，他被委任为江夏交通运输局振通监理公司党支部书记（后任经理）。他主动要求将交管站下岗职工全部收入到监理公司工作。由于监理工作与原来的征费工作性质大不相同，原来是坐在办公室做事，现在要站在路上干活；原来风不吹雨不打，现在是风吹太阳晒，越是高温越要盯在施工一线。这样一来，很多职工思想不稳定、不适应、闹情绪、想上访。何国胜的思想政治工作任务就更重了，他多次到工地上找人谈心、交心，陈述改革政策，分析监理工作大好的发展前途，他带领新上岗的职工到武汉理工大学接受专业监理人员技术培训，系统学习监理知识。他鼓励转岗人员，要认真学习好专业知识，希望大家要珍惜这份来之不易的工作岗位。

江夏交通运输局振通监理公司成立之初只有丙级资质，为了提高公司职员们的监理水平和实战能力，何国胜与员工一道主动跟着其他中标的监理公司监理学习。要求自己的监理人员在跟班学习时，要同步记录监督中标监理公司的工作细节与流程，形成了业主方主动监督自身工作。这为江夏区的很多重要工程建设加装了"双保险"。"双重监督"让施工更加规范，质量更有保证。经过两年多努力，江夏交通运输局振通监理公司被国家授予乙级资质。公司提档升级后，何国胜对职工们要求更严、管理更科学了。平日里，振通公司采用检查、核实、试验、测量、旁站、工地巡视、指令文件等手段，来完成工程监理合同。何国胜说监理组织机构的建立和正常运行，是保证工程质量和施工进度的关键。平日工作重点放在事前监理和现场施工的质量控制上，公司严格按二级监理组织形式，成立了驻地监理师办公室，并授权履行其职责。驻地监理办下设合同管理、路基工程、桥梁工程、试验检测和测量五个专业组，各专业组设置专业监理工程师、配备相应的监理人员，为每项路桥建设工程顺利完成奠定了基础。

美丽公路，美丽监理人

谈到何国胜亲力亲为打造的公路，他非常动情。8月27日，江夏区又一条景观路——腾讯大道全线竣工。腾讯大道全长0.912公里，总投资3800万元，是服务腾讯公司落户江夏羊子山地域的重要通道。该工程是采用我国最先进的混凝土喷桩技术施工建成，在一次工程施工中，原来已平整的路面，被雨水冲刷得泥泞不堪，加之往返运输材料大型车辆的蹂躏，便道路况更是惨不忍睹，进出的大车不小心就会陷到泥里。眼看着重要设备、材料就要进场了，如此泥泞的路况，大家可是心急如焚。为了保住施工生命线，在人手短缺的情况下，何国胜指导施工单位编排好时间表，天晴抢路基，雨天修便道，与时间抢速度，与雨天拼斗志。江夏交通运输局振通监理公司在该合同段投入8个监理人员，实行24小时工作制度，确保腾讯大道建设工程有序推进，特别是对工程建设中的新工艺"粉喷桩"的实施，进行了全程监理与指导性帮助。新工艺的实施，加快了进度、提高质量，该工程被评为精品工程、样板工程。建成后的腾讯大道集生态绿化、防汛、旅游景观、城市道路于一体。

江夏修了361座公路桥，细看座座风格别致，乡土韵味十足：关山桥靓丽多姿、幸福高架桥雄伟骄傲、沪蓉跨线桥朴实壮观，既要保证道路桥梁的功能和质量，又要巧施粉黛独具特色。修路塑景，在农村地区最见功底。农村修路首先要方便出行，但路不能随意乱修。最重要的是因地制宜做好规划，结合农作物生产保护和人文景观，获得筑路灵感。修建农村公路涉及通讯、电力、林业、广播、电视、驻地部队等相关部门迁移，交通部门一边争取帮扶，一边争取最低标准补偿。还要细心研究当地产业规划，以匹配生态旅游、红色旅游等特色，建设独具个性的乡村公路。目前江夏区已建成"七纵七横"，分别连接武汉中心城区和主要高速公路。给每条路一个灵魂，科学而又感性的交通建设就是"平面地标"，将是江夏发展武汉环城游憩带的独特资源，这些都凝聚着振通监理人的汗水和心血。

监理之路，永远的责任

在今年武汉市监理协会召开第五届一次会员大会前，很多行业同仁对他还很陌生。作为换届筹备工作小组的一员，他全程参与了协会连续数月的换届企业调查走访、协会换届选举选票发放及相关计票唱票等工作。在与各会员企业互动走访并积极征求会员相关意见的日子里，家住江夏最南端的他，每天早上开2个小时以上的车程赶往目的地，认真负责地记录每个企业的诉求和心声，作为第五届一次会员大会换届选举工作的总监票人，他的工作细致无误。他说，协会把这些工作交付于我，我要对得起这份信任。作为企业领导，他履职尽责、率先示范，用实干和敬业撑起建筑监理行业最美的天空，赢得全体员工的爱戴和拥护。

很值得一提的是，今年6月，武汉遇到了近几十年来难得一遇的洪水灾害，何国胜作为一名优秀共产党员积极参与了此次抗洪抢险、防汛救灾；7月6日，在内湖防汛抢险的何国胜，接到赴长江干堤中湾险段巡堤任务后由于走得急，他落下了平时随身携带的高血压、糖尿病的药物。此后连续5天，他身先士卒，不分昼夜地坚守在江堤上巡查排险，直至7月11日凌晨的巡堤途中，他因疲劳过度摔了一跤，人陡然晕倒在地，并被送进了医院。医生检查后说：他因过度劳累、又重重跌倒在江堤斜坡上等外力因素的作用下，使得腰椎间盘的纤维环破裂，导致相邻脊神经根遭受刺激诱发第四、五根脊椎脱落。通过武汉医院的手术治疗，目前何国胜在家做康复治疗。市监理协会、江夏区交通运输局领导都前往何国胜家中，探望了这位受人尊敬的行业同仁。

采访最后，何国胜和我们共同探讨行业现状。在他看来，行业协会目前各项工作推进有序，协会领导勇于担当，行业越来越好。"监理企业承担着国家强制性监理的硬任务，不但要对监理合同负责，对项目业主负责，对投资主体负责，更要从对人民负责、对历史负责、对社会负责的高度出发，把履行好监理职责寓于对社会负责的责任体系之中，对社会负责高于一切，这正是监理人崇高之所在。"

提升品质　创新发展求实效
合作共赢　海外拓宽谋新篇

鑫诚建设监理咨询有限公司

我国的建设工程监理和三元化管理制度自1988年在工程建设领域试点，到1992年在全国范围内全面推行工程监理制，已经走过了28个春秋，28年来，在国家政策的大力支持和推动下，在行业主管部门、行业协会的正确引导下，经过监理行业全体同仁的不懈努力，监理工作取得长足的进步，监理项目取得了丰硕成果，为国家的经济建设和工程建设事业的突飞猛进作出了不可磨灭的贡献。其中，不仅仅是工程建设项目的质量得到了保证和提高，也为工程建设项目的顺利实施提供了保障、作出了贡献。

鑫诚建设监理咨询有限公司成立于1989年，是工程建设监理咨询行业的老兵，也是有色监理咨询行业一支重要的技术服务力量。1992年公司取得三项监理甲级资质，其后又取得了咨询、造价咨询、设备监理等甲级资质，2003年更名登记为"鑫诚建设监理咨询有限公司"，现隶属中国有色矿业集团有限公司。我们鑫诚监理公司的成长见证了中国工程监理制度发展的整个历程，与我国的建设监理事业同步发展，在24年的从业道路上，我们在积极践行和落实国家、行业或协会出台的有关政策法规，推动行业发展，推动有色行业建设项目管理取得进步和突破都发挥了积极作用。

近年来，随着建设事业的发展和进步，监理咨询行业成长、成熟，监理队伍的不断壮大和分化，监理行业的发展进入了重要的调整期，无论是行业管理和企业的自身建设都面临着重要的选择和发展定位。十八大以来特别是十八届三中全会以来，国家建设行业行政管理体制改革的步伐加快，政府主管部门落实国家大政方针，推动压缩行政审批和审批权限的下放，主要体现在继国家发改委158号文取消监理等一批行业统一收费后，建设行政管理部门又推动了强制监理和对监理企业、人员资质的行政许可改革，同时又启动了对监理企业的资质管理办法的调整，2015年3月6日，住建部出台的《建筑工程项目总监理工程师质量安全责任六项规定》(试行)，从项目总监负责制、在岗履职等六个方面对总监和监理工作的质量安全责任提出要求，2015年9月23日，住建部又下发了《关于印发＜推动建筑市场统一开放若干规定＞的通知》，取消了对外来建筑企业落地备案、保证金和设立分公司的区域保护门槛。所有这些政策和改革举措的出台，一方面为监理企业的从业和健康发展，提供了更加明确的政策引导和更加宽泛的政策空间，另一方面也为监理企业的自身建设和从业条件提出了更高的要求。自相关的一些政策和改革举措出台后，对监理市场和监理企业的生产经营还是带来了比较明显的变化，积极的一面是优势企业市场更加广阔，能力不足的企业更加关注自身建设，业务单一的企业更加注重补齐短板，实现全面均衡发展，不少企业和我们一样加快了走出去的步伐。和其他行业的改革一样，由于在转型期，政策的调整也产生一定的负面效应，由于我们当前建设投资中民营资本占据比例较高，改革中明确部分社会资本项目可以不实行强制监理，明显缩小了监理企业的市场范围；特别是当前国内建设投资大幅度降低的情况下，建设项目总体减少，僧多粥少，打价格战，低价投标的恶性竞争已经开始漫延，为求生存，低价中标后降低监理服务质量、压缩现场监理人员也已成为一些企业应对之策。在这一过程中，鑫诚建设监理咨询有限公司和其他监理企业一样也受到了一定冲击，为应对挑战，我们在学习领会政策的基础上，积极响应和适应改革，在加强自身建设、夯实管理基础、补齐业务短板、充实业务内容、响应一带一路、加快走出去的步伐等方面及时作出调整，促进企业在创新变革和结构调整中稳步健康发展。

一、提升品质夯实基础、巩固传统市场

鑫诚监理是有色监理市场上的老品牌，多年的努力和积累，拥有了一批大企业客户的工程项目监理传统市场，我们彼此间信任，互相支持，互为依托，建立起了相对稳定的客户关系，这是鑫诚监理的市场基础和发展基础。面对日益加剧的市场竞争，我们眼光向内，从加强自身建设做起，做出了提升品质、夯实基础、巩固传统市场的选择。

1. 进一步规范化管理，获得业主持续认可

监理行业的改革与调整有利于促进开放搞活，市场价格的放开不等于对监理工作的放开。经过公司对国家政策分析研究，认为这里有放有管，放开的是价格，管控的是企业自身建设，是关系国计民生的质量安全和责任落实。开放搞活和价格的放开，虽然会对公司以前的发展模式、管理习惯和业务造成影响，也可能会失去一部分市场，但也给企业的今后发展指明了方向，开拓了新的发展空间，影响和机会都是对等的。监理取费价格虽然放开了，但进一步明确了建设质量五方责任主体的责任，五方具有关联性和统一性，以此为契机，切实做好监理的规范化管理和工程质量的控制工作，发挥不可替代不可或缺的关键作用，监理的工作自然就会获得建设单位认可，就一定使监理企业管理的服务目标与建设单位的需求有了一致性，监理企业在市场上就有了极具价值的通行证。

为了实现上述目标，我们以三体系认证的体系化管理为依托，重点从健全制度、规范管理和稳步推进专业化监理入手，对前期的监理项目进行认真总结，重新修订了工业项目和民用项目管理制度汇编，进行建设项目HSE管理系统策划，为国内外项目开展HSE管理提供指南；充分发挥有色专业化监理的优势，在专业化监理方面发挥比较优势，用好资源、用好积累、用对人员、用足功夫，做出特色、做出品牌；为业主当好参谋，做好项目建设的管理策划和管理对接，建立和培育项目文化，形成合力、达成共识，在抓好软实力建设的同时，我们更注重现场监理规范化操作与工程质量的事前、事中控制，以创建优质工程的平安工程为抓手，切实做好管理目标和责任的分解落实，主动作为、主动担当，超值服务，以项目成功和成果赢得信任和尊重。

2. 做好项目总结、巩固提升品牌竞争力，促进企业健康持续发展

一个公司的成功关键在于核心竞争优势。鑫诚监理作为有着二十多年从事矿山、冶炼工程监理的公司，每个工程项目监理结束后，公司都会对在监理实施过程中存在的问题和可取之处进行讨论分析，研究对问题的整改和可以采取的改进措施；对优势经验积极探索进一步应用的可能。近年来，公司花大力气对前期完工的项目进行梳理整理，组织专家分类编写项目监理实务，把这些经验落实到书面，这样不仅仅是参与项目监理的人员能够获得经验，没有参加这些项目监理的，通过学习阅读资料后也会有所收获，同时监理实务作为资料和经验对后期同类项目监理起到指导作用。

在做好经验总结的同时，我们还在队伍建设中、人才培养和团队建设中做足功课，我们把监理人员按每个人的能力专长进行分组，按需要把不同专长的人员放到相应的矿山开采、冶炼工程、金属加工、热能电力、有色化工等项目中培养锻炼，促进成长和成才，让他们不仅对监理工作内容熟悉掌握，更对项目的工艺的流程，难点重点了解掌握，在监理、项目管理和生产配合方面积累经验，对不易控制和容易出问题的地方做到心中有数，让每

位监理人员不仅成为监理的行家里手,专业上的能手,还要成为管理上的多面手。

工期紧、投资大是矿山、冶炼工程等有色冶金工程项目的特点,如果能通过向业主提出合理化建议,达到缩短工期,降低工程造价的目的,无疑会给建设单位带来超值的回报。这也就意味着业主选择一个具有丰富经验的监理队伍,不仅给项目建设提供支持保障,还能够给工程建设带来实惠,其价值要远远超过找一个监理的范畴,一个对工艺流程熟悉的监理,可以发现设计中存在的不足帮助业主优化设计方案,对容易出问题的地方提前审核把关,协助业主做好事前预控,避免损失,通过做好预案和策划,避免等工、停工、返工,自然也就会缩短工期。我们是本着这种市场理念,一步步做好项目的成功案例示范和项目监理营销工作,促进新老客户在选择监理单位时能得到重用和长期合作。

作为行业内骨干企业,我们一直坚持不忘监理咨询服务工作的初心,始终牢记使命,注重发挥好自己在行业内的引领作用,无论现在和将来都把自身建设放在首位,坚持打铁还需砧子硬的管理理念,不断培育和扩大自己的核心竞争力,通过专业与技术上的修为,通过能力水平的提升,以自身优势来获得业主和市场的认可。今年上半年公司正是以自身的品牌和优势为依托,在一些较大的项目监理投标中胜出,实现了市场经营的逆势上扬。

3. 切实加强市场经营基础工作,认真做好风险防范

为了发挥好市场经营的龙头作用,今年我们响应国资委提出的提质增效要求,切实加强市场经营基础工作,认真做好风险防范。

一是进一步规范投标工作和投标流程,坚持定期市场经营分析会制度和坚持项目投标评审会制度,根据多年的投标积累,建立相应的信息库,注重投标项目各种信息的汇总,及时整理工程相关投标资料,为公司投标报价提供有效根据。通过详细了解建设项目情况,认真权衡利弊,认真研究和全面分析投标策略,确定合理报价,坚决抵制恶性竞争,及时总结经营工作经验教训,为后期投标提供借鉴。

二是拓宽信息渠道,加强日常信息收集。为扩大信息来源,我们对现有信息渠道进行梳理整合,在原有的基础上补充了多个行业信息平台和重要客户平台,加深了和各招标平台的联系,通过各种渠道不仅关注项目监理信息,同时了解掌握工程咨询、造价咨询和设备监理招标信息。注重项目信息汇总和分析筛选,落实跟踪专人负责制,通过及时跟进提供业主需要的前期咨询,掌握项目的进展情况,实现对项目的全过程了解掌握,增加前期投标和后期监理安排的针对性。

三是加强与传统客户、大企业集团相关业务部门的日常联系,多走动、勤沟通,积极做好在手项目的客户回访,了解业主需求,了解客户满意度,及时作出调整和监理反应。发挥我们的专业特长,为项目前期工作提供咨询帮助,为项目顺利启动出谋划策,推动建设项目加快工作进程。

四是坚持投标过程法律参与和审核,完善合同审核评审程序,防范市场经营风险。我们以内控机制建设为抓手,进一步健全和完善合同评审和审核制度,坚持投标和合同签订的法律审核,并按程序进行修改。履约阶段,法务部门随时了解合同履行情况,跟踪项目进展,做好合同履行的动态管理,防范合同履约风险。

4. 提升自身实力,打好市场组合拳,积极应对监理价格全面放开的市场形势

打铁尚需自身硬,面对竞争日益激烈的市场,面对全面放开监理服务价格的不利形势,鑫诚监理从自身做起,眼光向内,通过认真研究分析项目情况、价格因素、成本因素、业主要求等各种因素,采取综合措施来应对监理服务的市场化,取得了一定的成效。

一是加大监理人才的引进和管理力度,充分发挥和挖掘人力资源价值。公司的发展最根本和直接的因素就是人才,能够掌握多少人才就能够掌握多大的市场。鑫诚监理虽然自身培养了一批高水平人才,但面对不断发展变化的市场,仍感到有些不足,为进一步拓展国内和国外两个市场,鑫诚监理通过团结和谐的企业文化和不断培养提升员工素质的愿

景，让人才在这个团队中能够实现自身的价值，以此来吸引一批优秀的人才来加入我们的团队。

二是重视项目投标链条的每一个环节，把投标评审和各项分析工作做到细致入微。面对价格全面放开、低价恶性竞争、监理人工成本不断上涨等不利因素，我们面对现实，从获取项目信息的前期开始，认真研究项目投标链条的每一个环节工作，尤其是投标评审环节，参照国家670号文的规定，分别从项目投资额、人员投入两方面进行费用的精细测算，再综合考虑工期、成本等各项因素，最终得出项目的投标报价，从公司近年投标的情况来看，这种通过精细测算的报价有一定的市场竞争力。

二、响应"一带一路"加快走出去步伐，力求海外发展见实效

2013年9月7日上午，习主席在哈萨克斯坦纳扎尔巴耶夫大学作演讲，提出共同建设"丝绸之路经济带"。2013年9月和10月，习主席在出访中亚和东南亚国家期间，先后提出共建"丝绸之路经济带"和"21世纪海上丝绸之路"（简称"一带一路"），倡议提出得到沿线国家广泛认同。2015年4月，发改委、外交部和商务部联合发布了《推动共建丝绸之路经济带和21世纪海上丝绸之路的愿景与行动》，宣告"一带一路"进入了全面推进阶段。这也为我们处在结构调整和转型发展阶段的监理企业打开了面向世界，开拓国际监理咨询市场的大门。

当前我国的经济发展正在经历稳增长、促发展、调结构、惠民生的转型发展和结构调整阶段，国家加大了供给侧的改革，去产能、去杠杆、去库存加大了对资源开发的控制，给资源企业和与之相关的关联企业都带来了生存和发展压力，作为有色行业的监理咨询企业，鑫诚监理在国内的市场面临严峻考验，任务减少、项目延期、收费困难，公司生存发展也受到挑战；与之相对应的是国家加大了对外投资的力度，支持优势产能和资源企业走出去，走国际合作和国际化的发展道路，走出去不仅会给有色企业困境中带来希望，也给长远经济发展注入新活力；一带一路建设的实施过程，就是中国企业走出去的过程，必然会产生大量的机会。作为有色冶炼行业监理咨询龙头企业，我们看到了机会，看到了新的发展方向找到了扭转困境和经济转型升级突破口。走出去是国家经济发展的需要，也是鑫诚监理公司当前生存和未来发展的需要。

在境外开展监理咨询服务不比国内，在国内，除了人为设置的门槛外，我们轻车熟路没有障碍，但在境外我们面对是一个完全陌生的世界，市场特点、语言障碍、思路、法律、标准规范差异等都是我们从业的门槛，很多方面都要从零开始。对于一个在境外各方面经验上缺乏的企业群体来讲，最先走出去就像最先吃螃蟹的人道理是一样的，这需要勇气和魄力，更需要我们有过硬的真功。

鑫诚监理自2003年，跟随中国有色集团迈出了走出去的脚步，经过十几年的发展，对海外工程项目监理（管理），积累了一定的经验，先后在非洲、东南亚、西亚的八个国家开展建设监理、项目管理和工程咨询业务，不仅市场取得了突破，工程建设项目的驾驭和管理能力也得到一定的提升，先后有四个项目获得海外工程鲁班奖，三个项目获得国家优质工程奖，监理项目多次得到所在国总统、副总统及我国到访领导的赞许和检阅。应该说我们走出去得益于中国企业走出去，得益于中国产能走出去，得益于中国有色集团走出去，在走出去的开端，我们是作为中国有色矿业集团有限公司这个大组织中的一员，发挥专业优势，坚定支持集团公司的对外投资建设，成为一支不可或缺、不可替代的力量，于是就有了非洲的CCS项目、卢安夏湿法

冶炼项目、赞比亚谦比希铜矿项目等矿山、冶炼项目，通过这些项目我们得到练兵和尝试，在此基础上我们深度开拓、取得突破，又有了科米卡矿山项目、缅甸的镍矿项目、哈铜的电解铝项目、阿克托盖矿山项目、吉尔吉斯的矿山项目、伊朗南方铝厂项目等新的项目和新的合作对象。目前公司在国外的业务范围遍及中东、西亚、非洲、东南亚等地，承担了除有色金属矿山、冶炼项目外还从事化工、市政、住宅小区、宾馆、写字楼、院校等建设项目的工程咨询、工程造价咨询、全过程建设监理、项目管理等工作，特别是在铜、铝、铅、锌、镍、钴、钼及稀有有色金属采矿、选矿、冶炼、加工以及环保治理工程项目的咨询、监理方面，得到服务对象的初步认可，也有了一定的积累，具有一定的竞争优势和比较优势，专业技术经验和管理能力得到明显提升，不断创造新的监理咨询业绩。

三、补齐短板扩大充实业务内容，促进多元化经营取得新突破

鑫诚监理公司过去是有色行业专业化的咨询服务企业，服务内容和业务都比较单一，专业化方面有一定优势，在多元发展方面我们主观上重视不够、积极性不高、努力的也不到位，所以公司在有色行业整体受到冲击时往往受波及。监理行业发展到今天，很多企业都在积极探索多元化创新发展出路，单一的工程监理业务，已经不适合现在的工程监理咨询企业的发展要求，穿新鞋走新路，在新起点上找出路，新定位下谋发展才是当前各企业谋局开篇、定位未来的唯一选择。随着国家经济的发展，行业分工也越来越细，工程的复杂性和工程的综合性都表明其涉及不止一个两个的专业，而是多方面的。比如现在的矿山开采冶炼项目，整个配套包括：采矿、选矿、房屋建筑、机电安装、冶炼等，甚至配套的电厂、码头、铁路，等等，不又仅是要对工程质量进行控制，还有安全、合同、信息、投资等等进行管理控制，也就对监理企业提出来更高的要求，要求工程监理企业不仅仅是一专，还要多能。

从另一个层面上讲，随着经济社会的发展，社会分工也越来越细，服务业在经济社会中所占的比重也会越来越重，服务发展已经成为当前社会经济增长的亮点，这与国家推行的壮大服务经济和推动服务业、服务外包走出去的基本国策是相一致的。

机会有了我们能不能接住，这正是我们今天要做的功课，近年来，我们针对资质短板，在市场有需要、业务有需求的专业上下大力进行突破，取得了实质的突破；在管理短板上我们对过去的监理服务和咨询服务进行认真总结，学习消化新知识、新方法和改善管理的新技术，大胆探索加强和改善监理的新途径，提高咨询管理的新成效；在突破人才瓶颈方面，通过老带新、岗位练兵、赛马识马和百分制考核，锻炼了一大批专业人员成为熟手、能手，同时还培养了一批一专多能的人才，这批人才不仅仅有工程监理方面，也有对工程监理拓展出来的造价咨询、设备监理方面的人才。这些人才平时分散到各个项目，当公司业务需要时，可以随时召集在一起，为公司开展多元化发展提供了人才准备。

2010年公司根据市场和业务发展需要，整合了国内造价咨询业务，成立了造价咨询部，2013年组建了设备监造部，同年成立了海外项目管理部，为巩固成果，促进发展，公司制定出台了一系列政策，目前看来已经收到明显成效，取得了一定的成绩。截至2016年8月底，鑫诚建设监理咨询有限公司已完成全年新签合同任务的85%，其中咨询和工程造价咨询业务占比18%，设备监理业务占比17%，均取得突破性进展。公司全年收入中咨询、监造收入比重由上年的15%上升到35%以上，在今后两年内我们计划实现监理与其他相关服务合同额、收入各占50%，国外项目监理咨询收入占全年收入的比重达到70%以上。我们相信只要坚持加强自身建设，改进提高服务质量和服务水平，切实做好结构调整和市场谋划，在创新服务内容服务手段服务方式上取得明显突破，坚定走出去步伐，参与国际市场竞争，在支持"一带一路"建设上体现作为，中国的监理企业的明天一定会更美好。

如何做好监理企业管理层的工作

山西协诚建设工程项目管理有限公司　高保庆

做好管理层的工作对监理企业健康发展至关重要，结合自己的工作阅历，就如何做好监理企业管理层的工作谈几点体会。

一、要系统准确理解公司的组织原则

公司是一个组织，公司总部各职能部室是公司参谋部，实行部门主管负责制，这是对公司组织关系的基本定位。

管理层要系统准确把握董事会领导下的总经理负责制的内涵，董事长是董事会进行战略决策和聘请总经理的主要负责人；总经理按董事会的战略决策负责日常经营指挥和经营管理。副总级领导是总经理的助手，在总经理的授权下，承担总经理某一方面任务，执行专项任务并履行相应职责。

大道至简，公司组织原则就是一切必须服从于公司的核心利益。

二、要准确领悟董事会的顶层设计理念

公司管理层既是执行者，又是领导者。管理层执行力的强弱，关键取决于对公司决策层顶层设计理念的理解，同时严格执行和组织实施。如果管理层队伍的执行力很弱，与决策方案无法相匹配，那么公司的各种方案是无法实施成功的。

公司管理层需要的首要能力就是领悟能力，在任何单位或部门，无论是做何种工作，"领会"都是大家常说的一个高频词。我体会，管理层不仅要"领会"，更要"领悟"，要将被动的执行意识变为主动的执行意识。

"领悟"的实质是要吃透领导决策层的精神，全面理解融会贯通，并结合自己工作实际，举一反三，创造性地执行。切不可断章取义，片面理解或机械教条地执行。管理层管理人员在执行中不管是交办的、未交办的、自己领悟的，都不能违背政策法规，不能超越权限，更不能自作多情，擅作主张。要积极适应领导的工作思路，把问题想在前，把工作做在前，主动做好超前服务。对领导的意图要真正理解，真正融会贯通，真正认识自己所分管的任务在公司局部、全局中的地位和作用。管理层各级管理人员要处理好局部和全局的关系，有时候在局部处理感觉是正确的事情，在全局就是错误的，局部和全局是源与头，根与本的关系，要服从和服务于全局。这样，才能充分发挥管理层各级员工的主观能动性；才能在新常态、新情况中找到新办法的创造性；同时也反映出管理层能否正确把握领导层的决策意图，是否具备分管业务的推动能力。

三、要依靠学习提高管理层管理人员的素质和能力

古人说得好：求木之长者，必固其根本；欲流之远者，必浚其泉源。对公司管理层各级管理人员而言，这个"根本"和"泉源"就是知识。习主席指出"学习是立身做人的永恒主题，也是报国为民的重要基础"。对公司各级管理人员来说，认真学习既是履行职责、做好本职工作的基础，也是立

身做人、提高自身素质的需要。有了丰厚的知识作支撑,就能把握公司正确的经营管理理念,就会有辩证的思维方式和工作方法,从而切实履行好自己的职责。公司职能部门需要优秀的管理人员,但人才的成长是经风雨历练出来的,不可否认的是初涉各级岗位的管理人员,有应试的知识,缺基层的历练,无论是埋头做本职业务工作,还是协调办事,都还处在"初级阶段",甚至一些应知应会的东西也知之不全或知之不深,面对新情况新问题,由于不懂规律、不懂门道、缺乏知识、缺乏本领,而是习惯于用机械教条地应对,被动地蛮干盲干,结果是虽然做了工作,有时做得还很辛苦,但不是不对路子,就是事与愿违,甚至搞出一些南辕北辙的事情来,以致有时工作起来被动吃力,业务推动能力可想而知,这些同志尤其需要加强知识储备,努力提高素质。在加强学习上,应注意解决好三个问题:首先,要明白学什么,也就是围绕履行职责需要学习相应的知识结构。主要是三个方面:一是要掌握比较系统的管理者素养和管理哲学的基础知识。人品素质是一个人素质的核心和灵魂,也是做好工作的根本和前提。在学习过程中,不能浮光掠影,浅尝辄止,要尽可能多学一点,学深一点,努力在掌握立场观点方法上下功夫。二是要熟知本专业知识和相关政策、法规、制度。管理层负责人应是具备T型知识结构的人才,一个精通专业知识的人,才能悠然自得地驾驭专业技术之舟。公司职能部门工作政策性强、涉及领域广、内容丰富,需要下很大的功夫才能真正掌握。同时,随着形势的不断发展,各项工作的专业技术含量不断提高,管理层各级管理人员在落实领导意图、推动本职业务工作时,经常会涉及一些专业技术知识,如果不懂不会,就会靠不上边、插不上话,失掉主动权,就难以有所作为。三是要广泛涉猎相关管理专业知识。优秀的管理人员需要广博知识,而只有下功夫多读点书,多了解现代化管理的理论知识和公司基层项目部信息,才能"居高而临下,厚积而薄发",做起工作来才能得心应手、游刃有余。其次,要学会学习。"未来的文盲不再是不识字的人,而是没有学会怎样学习的人。"这是联合国教科文组织出版的《学会生存》一书中的一个结论。在当今世界知识量迅速增长、知识更新速度加快的情况下,如果不学会学习,不掌握自我更新知识的本领,即使曾经高学历的满腹才华的"饱学之士",也难免会坐吃山空,变成新的文盲。学会学习,首先需要处理好工作与学习的矛盾,时间只要你挤,总是有的。不管多忙多累,都能坐得下来,静得下心,钻得进去,不为琐事分心,不为玩心所惑,自觉养成读书学习的好习惯。二是有选择地针对性地学习。"取法乎上,仅得其中;取法乎中,仅得其下。"平时多选一些经典的书来读,既可以愉悦身心,又对做好工作大有裨益。三是勤于思考。思考是学习的灵魂,只学不思,看过的东西就如过眼烟云,留不下印象;开动脑筋思考问题,才能悟出许多东西。实践证明,思考就会有收获,思考越深,收获越大。平时脑子里多装几个问题,多问几个为什么,努力做到既知其然又知其所以然。再次,要注意知识向能力素质的转化。学习成效如何,归根结底要看是不是进入了思想,进入了工作,能否解决问题,是不是转化成了自己的能力素质。正如毛主席所说:"读书是学习,使用也是学习,而且是更重要的学习。"学而不用,不能转化成能力素质的知识是毫无用处的。因此,学习过程中,要善于紧密联系实际,结合本职工作和思想修养,努力将学到的知识转化为自身的能力素质。实践证明,积极主动工作是学习的最好方法,工作的同时正是理论联系实际提高自己的管理能力的机会,不能只讲理论,要与实践相结合。公司要求管理层管理人员到基层项目部轮岗,道理就在于此。总之,我们管理层管理人员肩负着新常态下公司持续健康发展的重任,根本的办法就是大力提高自身素质,就是学习。

四、要积极主动地搞好沟通与协调

当今管理突显三大特征。第一,专业交叉。第二,知识融合。第三,专业技术集成。这三大特征,折射出一个重要的规律。个人的作用在下降,团队的作用在上升。要想成就一番事业，孤家寡人、孤军奋战绝对是不行的，通常需要一个团队，需要一支队伍集成作业，需要各方面的人才集体智慧的合成。对于管理层的管理人员来说，怎样才能带好团队？怎样才能最大限度地激发每一个团队成员的聪明才智和创造潜能？实现一加一大于二的目标，我们管理层人员必须认识到，"世界上没有完美的个人只有完美的团队"。沟通协调就是实现完美团队建设的重要工作方法。

当今无论是职能分工或是专业技术分工都越来越细，须臾离不开沟通。但沟通有积极与消极之分，有主动与被动之别，效果因此也大不相同。各级管理人员要履行好自己的职责，提高工作效率，就应该积极主动地与人沟通。为此，一要增强预见性。管理工作是有规律可循的，有很强的阶段性、节点性。把握各个阶段需要沟通的事项、人员，在脑中进行"预想方案"。要注意掌握重点计划、临时性的重点工作、项目部新近发生的倾向性问题等，并对可能出现的情况采取必要的措施等，从而对需要沟通的环节进行准备，做好针对性工作。实践证明，对工作规律掌握得越准、预见性就越强，沟通工作就越顺利，效率就越高。二是注意越位和缺位是协调的大忌。公司各级管理人员要清楚自己的职责，找准自己的位置，要做到"积极不添乱，主动不越权，到位不越位"，各部门牵头组织落实的，要事先互相通气，尽可能早地让对方在思想上进入。对疑难问题，要提前向领导请示汇报，拿出自己解决问题的建议和办法。对不同个性的人，要注意沟通方式，赢得他们的支持与理解。三要感情先行。感情好，有事不当事；感情差，没有事找事。要善于在工作沟通中增进彼此的感情，打牢感情基础，建立深厚的友谊。遇到矛盾和问题，要主动承担责任，个人能解决的，不要麻烦其他人；部门之间能够解决的，不要捅到领导那里去，最好不要让领导当裁判。只要不是原则性问题，要得理也要让人，树立良好的个人形象，增进同志间的感情。对别的部门和个人的求助，只要在职权范围内、在原则范围内，要千方百计地去协助，不怕困难、不怕吃苦、不怕吃亏。要旁若有人，你为别人工作倾注了情感，一定会在今后的工作中得到丰厚的回报。四要关注全程。作为沟通的主体，要高度关注事件发展的过程，时刻关注沟通的效果。沟通有时不能一蹴而就，要有反复沟通的思想准备。对沟通后出现的问题，要及时干预，不让工作失控或挂在空档上。要注意末梢沟通，就是在办完一件事之后，主动向领导和有关部门汇报事情的经过和效果，形成工作闭环。

没有不能沟通的员工，只有不善沟通的领导，有效沟通是成功领导的关键。沟通不仅是一门技术，而且是一门艺术。有研究表明，学会了人际沟通，就等于在通往成功的路上走完了85%的路程，只要你懂得沟通，善于沟通。学会了人际沟通，就等于在通往幸福的路上走完了99%的路程。

沟通和成功有关，沟通和幸福有关，人的沟通能力和水平决定着个人和分管业务工作的成功系数，决定着个人的发展前途。

五、用正确的方法做正确的事情

"用正确的方法把事情做正确"是一个永恒的命题。学习是终生的事，对方法的探索更应是管理层的不懈追求的命题，坚持做到"用正确的方法把事情做正确"不是一件容易的事。要利用哲学的，全面客观、系统辩证的观点对工作中常用的方式方法进行思考讨论，遵循事物发展规律，真正转变思想观念、提升能力素质，切实把"用正确的方法把事情做正确"理念真正内化到思想上、落实到行动中，力争用正确的方法"做正确的事、正确地做事、把事做正确"。

对于公司来讲，什么是公司管理者要做的正确的事？公司管理每个阶段都有"阶段特征性的最为重要的事情"，但也有本职工作长期最为重要的事情。如公司的战略发展目标、公司的年度重点工作计划、质量安全两年活动等。

什么是正确的方法呢？

（一）以问题为导向，不断进行总结反思。发现问题，总结反思，是对工作实践进行回顾思考、归纳概括、提炼升华的过程，是把感性认识上升为理性认识的艰苦劳动。习近平总书记指出，"改革是由问题倒逼而产生的，又在不断解决问题中得以深化"，公司的管理亦是如此，管理层管理人员肩负着公司健康发展的重任，必须把发现问题、认识问题、研究问题、解决问题作为公司管理工作的基本要求。"以问题为导向"是解决问题，提升公司管理水平的基础和前提。

管理的真功夫就是善于"以问题为导向"进行总结归纳。各级管理人员要在这方面下功夫。一是必须紧紧抓住公司根本性、全局性的问题。二是必须紧紧抓住新情况新问题。三是必须紧紧抓住项目部、总监普遍关注的突出问题。归纳起来就是要善于发现问题。努力将平时发现的一些点点滴滴的问题和感受，将一些比较零碎、肤浅、片面的东西，通过去粗取精、去伪存真、由此及彼、由表及里的分析思考，变成比较系统的、本质的认识，掌握工作的规律，知道今后应该怎样做，不应该怎样做。要学会举一反三，许多问题从表面看是偶然的，似乎"风马牛不相及"，但联系起来思考，就能从本质上找到很多共同点。实践证明，这是提高思维层次和分析能力的好方法。要养成勤于总结的好习惯。总结反思贵在有心，每做完一件事情，完成一项任务，脑子里都要想一想，在整个工作过程中，哪些是得当的，哪些是欠妥的，哪些是有效的，哪些是徒劳的，有哪些规律可循，这样就能从中得到启迪，使工作水平不断提高，工作落实更有成效。做到这一点，绝不是一时一地的事，必须经常自觉地付诸行动，切实养成定期总结的习惯。力争做好一项工作，得到一条经验；处理一件事情，学会一种解决问题的办法。这样"今日记一事，明日悟一理"，就会"积久而成学"，获得丰厚收获。要重视从问题中总结经验教训。总结成绩固然重要，分析存在问题更值得重视。不敢正视问题，不仅不利于公司的发展，也不利于个人的成长进步。在工作实践中出现问题在所难免，关键是能不能如实地承认问题，客观地分析它，实事求是地总结它，从中汲取教训，把它变成一笔财富。做到这一点，首先要有正视问题的勇气。勇敢地面对问题，冷静地分析原因和教训，及时寻求对策，就能变不利条件为有利条件，为做好以后工作打下良好基础。其次要全方位地对照检查。出现了问题，要注意从思想动机、工作方向、工作作风、办事效率等方面进行全面、细致的检查，看看究竟是哪个环节出了毛病。对照审视自己，一定要坚持高标准，防止选择"小道消息"而得出不正确的结论。还要注意主动听取别人的意见。俗话说：当局者迷，旁观者清。对工作中出现的失误和问题、个人修养方面的差距和不足，身边同志往往看得最清楚。因此应主动听听同事的意见，尤其对那些逆耳忠言，要坐得住、听得进、改正得快，只有这样，才能真正化被动为主动，变教训为财富。

（二）提升创新思维能力，是创新管理的基础和前提。管理层要切实认识到管理创新在当前形势下的重要性和紧迫性，树立"创新思维—创新管理"的思想，创新思维取决于三个方面：一是来自于对问题的理性思考。理性思维能力，取决于对客观实际的理性把握。现在有的管理人员理论学习方法不科学，虽然每天盯在电脑、手机上，思维却停留在原有层次和圈圈，碰到实际问题，仍然自觉不自觉地走定向思维的老路。主要原因是缺少一个重要的思维环节，即对实际问题的理性思考。加强理性思考，简而言之就是充分运用所学理论，对现实问题进行观察分析，透过现象看本质，从具体表现得出抽象结论，从苗头预测趋势，将具体问题上升到理论的高度总结概括。这种认识方法，可以帮助我们抓住事物的发展规律，抓住更深层次的东西，提高认识事物的水平和能力。二是来自于对现实问题的辩证思考。辩证法是一种可以使人更加聪明的"益智法"。缺乏辩证思考能力的人，对现实问题的分析和处理，往往会从一个极端走向另一个极端，这在实际工作中表现得多。比如，分析单位总体形势时，要么以偏概全，把形势说得一派大好，因而陷入盲目乐观状态；要么以点代面，把形势说得一无是处，从而丧失自信心。辩证思考的最大好处，就是能帮助我们在观察分析问题时，做到全面、客观、系统，为解决问题提供正确方法。三是来自于对现实问题的创新思考。没有创新思维，就形不成创新思路，更谈不上创新之举。如董事会要求的"三书一资料"就是"吃透上头的,弄清下头的,变成公司自己的重点管理精髓"过程。创新性,对激活工作"一盘棋",提升抓落实的层次和质量,具有决定性作用。结合现实问题进行创新思维,是实施工作创新的前提,离开了对现实问题的深入思考,创新就会失去基本的载体。在实际工作中,管理中有问题并不可怕,哪个公司不是慢慢地从不成熟走到成熟的?怕的是管理层不愿正视问题或视而不见,甚至尽力掩饰。怕暴露了短处,否定了自己或部门成绩;怕暴露了问题,承担责任;怕揭露了矛盾,影响到"个人前途"。说来说去,就是只对个人负责,不对公司利益负责。当前公司正处于适应新常态的关键时期,多重任务交织、多种挑战并存、多样困难共生。越是挑战多、任务多、困难多,越要保持清醒头脑,越需要正视问题和差距。只有正视问题和差距,有什么问题就解决什么问题,才能一步一步干到实处。因此,正视问题,以问题为导向,用问题来倒逼,才能在解决问题中不断前进。一个部门,多多少少总难免会存在些问题,老问题解决后新问题又会产生,干大事就是追着问题跑。问题是方向,问题是靶子,问题也是动力。我们只有着眼解决现实问题进行创新思维,才能不断拓宽思路,找到解决问题的新途径,在思维中增强思维能力,在工作中提高创新管理的水平。

六、文档资料工作是管理层管理人员的基本功

写好公司各类书面材料是各级管理人员的一项基本功。要想写出高质量的文字材料,必须有特色、体现针对性。公司的各类文档资料,由于背景、场合、时机和对象不同,强调的主题思想各不相同,即使是阐述同一个思想,需引用相关文件,侧重点和针对性也不完全一样。我们写公司文字材料,不同于个人发表意见,由不得你的思维随意扩张,只能站在公司的角度,循着公司总体发展的轨迹去思考,依据各类文体要求的主题,把该讲想讲的问题讲准讲够讲透。重点处理好五个关系:一是抓纲与抓目的关系,注意从大局上观察分析问题;二是务虚与务实的关系,企业一般用"抓责任制、抓可操作性"这一思路统一上下思想;三是严下与严上的关系,抓管理、抓问题首先抓好公司机关;四是治表与治本的关系,下功夫解决人生观、价值观方面的问题;五是谋事与谋人的关系,做好理顺各方面关系和情绪的工作。另外要用好叙述方式,就是针对不同写作的需要,采取不同的说理方法。有的文体,喜欢用生动形象的借代比喻来阐发自己的思想。比如,"一个中心、两个重心"阐述的是公司管理的核心,同时警示我们要重视项目部的管理,项目部是企业最基层的组织,它是企业增值活动的主要场所,它运转情况的好坏直接关系到企业管理水平高低和经济效益的好坏。

公司各类总结材料就有许多种叙述方式,像先分析问题再作结论提要求的分析综合法。先提出观点再逐层论述的归纳演绎法,先由此再及彼的逻辑推理法,先剖析点上情况再作面上分析的以小见大法等,都是常常用到的。

在实际工作中,管理层人员遇到的最多的是制度编写,制度编写要注意把握几个问题,一是企业制度的特征,即制度具有编发上的法定性和权威性、内容上的根本性和规范性、效能上的约束性和强制性、实施上的专业性和操作性,语言表述具有"律条"的特色,时间上相对的稳定性和长期性。二是制度体系建设是一个系统工程,要清楚制度体系内的制度、办法、细则的准确区别是什么?规章制度:要求大家共同遵守的办事规程或行动准则,是基础性的约束条文;办法:办事或处理问题的方法;细则:有关规章制度、措施、方法等的详细的规则,细则也称实施细则,多是为有效地实施规章而作出的权威性解释、明细的标准和措施用的法规文书。三是在制度表述中一般都是明确地、直截了当地做出明确的规定和实施说明,不做或极少做议论分析。句式上多使用祈使句和肯定向,语气坚决、肯定,带有行使、命令的口气,显示出特有的权威性和法定性。在表述中一要篇幅简短,语言简练,正文最好控制在二千字以内,能短则短。二要通俗易懂,平易近人。三要开门见山,直奔主题。四要只写是什么,不写为什么。五

要就事论事，一事一议。六要因地制宜，量体裁衣。总之公司规章制度属于微观性、操作性法规类文书，具有内容上的专业技术性和实施上的具体操作性。表述需遵循公司的经营和各项管理工作的客观规律，各种规定一般都要求十分具体、明确、细致，定性定量，具有操作性，以便于具体实施。

七、要视苦累为机遇

管理层工作很辛苦，但机遇也很多。从优秀领导管理人员的成长经历和发展轨迹看，无一不是吃苦"吃"出来的，加班加点"熬"出来的，勇挑重担"压"出来的，急难任务"逼"出来的。面对苦累，有这样三点要认识清楚：首先，要正确把握得与失。对得与失的不同理解，是衡量能否提升素质的根本标尺。唯物辩证法告诉我们，什么事情都存在正反两面，有得必然有失，有失也必然有得。对得与失的不同理解，说到底就是管理人员能否成才的分水岭。其次，要正确处理忙与闲。忙与闲的不同内涵，体现着对提升素质的基本认识。管理层管理人员要孜孜以求地忙于工作学习，形成"忙"的良性循环，最终忙而不倦、功业乃成。再次，要正确看待苦与乐。苦与乐的不同境界，决定了提升素质的最终效果。提升素质是一个艰苦的过程，舒舒服服学不到真本领。自古苏秦悬梁刺股，文光投斧挂树，孙康借雪苦读，车武子聚萤照书，无不说明下苦功才能得真功。提升素质需要扎扎实实地一步一个脚印，来不得半点投机取巧。惟有老老实实、踏踏实实多下笨功夫，才能厚积而薄发。提升素质还是一个漫长的过程，持之以恒才能终有所成。追求立竿见影、急功近利，必然难以取得实效。在工作学习的艰辛困苦面前，只有激起发奋之情，才能找到乐趣。如果对工作学习之苦惧而远之，安于享受，涣散斗志，等到素质能力落伍于岗位需要时就悔之晚矣。

八、要有积极主动的工作精神

管理层管理人员要有积极主动的工作精神。工作主动代表着敬业、热忱，有了热忱，工作就会充满激情，有勇往直前的动力和无穷的创造力，自身的综合素质也会在主动的工作中得到快速提高。

一是要有主动为公司分忧的意识。这方面管理层管理人员还是需要注意的；有的存在被动应付的思想，在工作上领导推一推动一动，主要思考谋划不够；有的对不属于自身的工作很少主动想，缺乏全面掌握情况、全面提高自己的意识；有的在领导督促时工作就紧一下，工作的紧迫感不强、自觉性不够。主动为领导分忧是管理层管理人员的职责所在，应重点强化四种意识：（1）主动思考意识，积极开动脑筋想问题、想工作，一些工作尽管没有安排自己干，也应多想一想如果自己干应当怎么干，多做一点思想上的准备。（2）主动担当重任的意识，切实把每一项工作都当成锻炼自己的机会，主动多承担一些。既要学着干、跟着干，又要尽可能地独立干，不断培养自己"挑大梁"的能力和独立完成任务的能力。（3）主动拾遗补阙的意识，积极向领导建言献策，大胆说出自己的一些想法，把一些小问题消灭在萌芽状态。（4）主动团结协作的意识，与人为善，团结共事，营造好的小环境，使大家能够和睦相处，心情舒畅地工作。二是要有高标准的工作姿态。工作标准既是个能力素质问题，又是个责任感问题。有的管理层管理人员在大项工作上能够全力以赴去做，而对一些业务性、经常性工作重视不够，存在应付的问题。高标准也是一个工作习惯，平时习惯于应付差事，关键时候往往顶不上去。一件工作，标准再高一些、抓得再细一些，就是精品，就是工匠精神。高标准也是公司的品牌问题，管理层应时刻保持工作的高标准和精益求精的意识。三是对工作要有高度热情。管理人员应敬畏自己的工作岗位，认真做好职责内工作，不因为对工作心中有数就自我懈怠，不因为对程序熟悉就马虎大意，始终以饱满的热情去工作。只有这样，才能给自己的发展进步打下坚实的基础。

总之，企业管理是一项艰巨而复杂的系统工程，管理层是企业的灵魂，优秀的管理人员决定企业发展方向，愿本文对企业管理人员有所启迪。

《中国建设监理与咨询》征稿启事

《中国建设监理与咨询》是中国建设监理协会与中国建筑工业出版社合作出版的连续出版物，侧重于监理与咨询的理论探讨、政策研究、技术创新、学术研究和经验推介，为广大监理企业和从业者提供信息交流的平台，宣传推广优秀企业和项目。

一、栏目设置：政策法规、行业动态、人物专访、监理论坛、项目管理与咨询、创新与研究、企业文化、人才培养。

二、投稿邮箱：zgjsjlxh@163.com，投稿时请务必注明联系电话和邮寄地址等内容。

三、投稿须知：

1. 来稿要求原创，主题明确、观点新颖、内容真实、论据可靠，图表规范，数据准确，文字简练通顺，层次清晰，标点符号规范。

2. 作者确保稿件的原创性，不一稿多投、不涉及保密、署名无争议，文责自负。本编辑部有权作内容层次、语言文字和编辑规范方面的删改。如不同意删改，请在投稿时特别说明。请作者自留底稿，恕不退稿。

3. 来稿按以下顺序表述：①题名；②作者（含合作者）姓名、单位；③摘要（300字以内）；④关键词（2~5个）；⑤正文；⑥参考文献。

4. 来稿以4000~6000字为宜，建议提供与文章内容相关的图片（JPG格式）。

5. 来稿经录用刊载后，即免费赠送作者当期《中国建设监理与咨询》一本。

本征稿启事长期有效，欢迎广大监理工作者和研究者积极投稿！

欢迎订阅《中国建设监理与咨询》

《中国建设监理与咨询》面向各级建设主管部门和监理企业的管理者和从业者，面向国内高校相关专业的专家学者和学生，以及其他关心我国监理事业改革和发展的人士。

《中国建设监理与咨询》内容主要包括监理相关法律法规及政策解读；监理企业管理发展经验介绍和人才培养等热点、难点问题研讨；各类工程项目管理经验交流；监理理论研究及前沿技术介绍等。

《中国建设监理与咨询》征订单回执（2017）

订阅人信息	单位名称				
	详细地址		邮编		
	收件人		联系电话		
出版物信息	全年（6）期	每期（35）元	全年（210）元/套（含邮寄费用）	付款方式	银行汇款

订阅信息
订阅自2017年1月至2017年12月，_____套（共计6期/年） 付款金额合计¥_____元。

发票信息
□开具发票（若需填写税号等信息，请特别备注） 发票抬头：_____ 发票类型：一般增值税发票 发票寄送地址：□收刊地址 □其他地址 地址：_____ 邮编：_____ 收件人：_____ 联系电话：_____

付款方式：请汇至"中国建筑书店有限责任公司"
银行汇款 □ 户　名：中国建筑书店有限责任公司 开户行：中国建设银行北京甘家口支行 账　号：1100 1085 6000 5300 6825

备注：为便于我们更好地为您服务，以上资料请您详细填写。汇款时请注明征订《中国建设监理与咨询》并请将征订单回执与汇款底单一并传真或发邮件至中国建设监理协会信息部，传真 010-68346832，邮箱 zgjsjlxh@163.com。

联系人：中国建设监理协会　王北卫　孙璐，电话：010-68346832。
　　　　中国建筑工业出版社　焦阳，电话：010-58337250。
　　　　中国建筑书店　电话：010-68324255（发票咨询）

《中国建设监理与咨询》协办单位

 北京市建设监理协会 会长：李伟	 中国铁道工程建设协会 副秘书长兼监理委员会主任：肖上潘	 京兴国际工程管理有限公司 执行董事兼总经理：李明安	 北京兴电国际工程管理有限公司 董事长兼总经理：张铁明
 北京五环国际工程管理有限公司 总经理：李兵	 中国水利水电建设工程咨询北京有限公司 总经理：孙晓博	 鑫诚建设监理咨询有限公司 董事长：严弟勇　总经理：张国明	 北京希达建设监理有限责任公司 总经理：黄强
 中船重工海鑫工程管理（北京）有限公司 总经理：栾继强	 中咨工程建设监理公司 总经理：杨恒泰	 山西省建设监理协会 会长：唐桂莲	 山西省建设监理有限公司 董事长：田哲远
 山西煤炭建设监理咨询公司 执行董事兼总经理：陈怀耀	 山西和祥建通工程项目管理有限公司 执行董事：王贵展　副总经理：段剑飞	 太原理工大成工程有限公司 董事长：周晋华	 山西省煤炭建设监理有限公司 总经理：苏锁成
 山西震益工程建设监理有限公司 董事长：黄官狮	 山西神剑建设监理有限公司 董事长：林群	 山西共达建设工程项目管理有限公司 总经理：王京民	 晋中市正元建设监理有限公司 执行董事兼总经理：李志涌
 运城市金苑工程监理有限公司 董事长：卢尚武	 吉林梦溪工程管理有限公司 总经理：张惠兵	 沈阳市工程监理咨询有限公司 董事长：王光友	 大连大保建设管理有限公司 董事长：张建东　总经理：柯洪清
 上海建科工程咨询有限公司 总经理：张强	 上海振华工程咨询有限公司 总经理：徐跃东	 山东同力建设项目管理有限公司 董事长：许继文	 山东东方监理咨询有限公司 董事长：李波
 江苏誉达工程项目管理有限公司 董事长：李泉	 连云港市建设监理有限公司 董事长兼总经理：谢永庆	 江苏赛华建设监理有限公司 董事长：王成武	 江苏建科建设监理有限公司 董事长：陈贵　总经理：吕所章
安徽省建设监理协会 会长：陈磊	 合肥工大建设监理有限责任公司 总经理：王章虎	 浙江省建设工程监理管理协会 副会长兼秘书长：章钟	 浙江江南工程管理股份有限公司 董事长总经理：李建军
 浙江华东工程咨询有限公司 执行董事：叶锦锋　总经理：吕勇	浙江嘉宇工程管理有限公司 董事长：张建　总经理：卢甬	 江西同济建设项目管理股份有限公司 法人代表：蔡毅　经理：何祥国	 福州市建设监理协会 理事长：饶舜
 厦门海投建设监理咨询有限公司 法定代表人：蔡元发　总经理：白皓	 驿涛项目管理有限公司 董事长：叶华阳	 河南省建设监理协会 会长：陈海勤	 郑州中兴工程监理有限公司 执行董事兼总经理：李振文

《中国建设监理与咨询》协办单位

 河南建达工程建设监理公司 总经理：蒋晓东	河南清鸿建设咨询有限公司 董事长：贾铁军	河南建基工程管理有限公司 总经理：黄春晓	郑州基业工程监理有限公司 董事长：潘彬
中汽智达（洛阳）建设监理有限公司 董事长兼总经理：刘耀民	河南省光大建设管理有限公司 董事长：郭芳州	河南方阵工程监理有限公司 总经理：宋伟良	武汉华胜工程建设科技有限公司 董事长：汪成庆
湖南省建设监理协会 常务副会长兼秘书长：屠名瑚	长沙华星建设监理有限公司 总经理：胡志荣	湖南长顺项目管理有限公司 董事长：潘祥明 总经理：黄劲松	深圳市监理工程师协会 会长：方向辉
广东工程建设监理有限公司 总经理：毕德峰	重庆赛迪工程咨询有限公司 董事长兼总经理：冉鹏	重庆联盛建设项目管理有限公司 总经理：雷开贵	重庆华兴工程咨询有限公司 董事长：胡明健
重庆正信建设监理有限公司 董事长：程辉汉	重庆林鸥监理咨询有限公司 总经理：肖波	重庆兴宇工程建设监理有限公司 总经理：唐银彬	四川二滩国际工程咨询有限责任公司 董事长：赵雄飞
成都晨越建设项目管理股份有限公司 董事长：王宏毅	云南省建设监理协会 秘书长：姚苏蓉	云南新迪建设咨询监理有限公司 董事长兼总经理：杨丽	云南国开建设监理咨询有限公司 执行董事兼总经理：张葆华
贵州省建设监理协会 会长：杨国华	贵州建工监理咨询有限公司 总经理：张勤	西安高新建设监理有限责任公司 董事长兼总经理：范中东	西安铁一院工程咨询监理有限责任公司 总经理：杨南辉
 西安普迈项目管理有限公司 董事长：王斌	西安四方建设监理有限责任公司 董事长：史勇忠	华春建设工程项目管理有限责任公司 董事长：王勇	陕西华茂建设监理咨询有限公司 总经理：阎平
永明项目管理有限公司 董事长：张平	甘肃经纬建设监理咨询有限责任公司 董事长：薛明利	甘肃省建设监理公司 董事长：魏和中	新疆昆仑工程监理有限责任公司 总经理：曹志勇
 广州宏达工程顾问有限公司 总经理：伍忠民	河南方大建设工程管理股份有限公司 董事长：李宗峰	河南省万安工程建设监理有限公司 董事长：郑俊杰	中元方工程咨询有限公司 董事长：张存钦

长沙华星建设监理有限公司
CHANGSHA HUAXING CONSTRUCTION SUPERVISION CO., LTD

开阳磷矿 400 万吨/年改扩建项目用沙坝斜井工程——获评 2013 年度中国有色金属工业（部级）优质工程奖

安徽庐江大包庄硫铁矿 125 万吨/年采选项目——公司承担该项目的项目管理和工程监理，其辅助斜坡道工程获评 2012 年度中国有色金属工业（部级）优质工程奖

瓮福达州磷硫化工基地项目 15 万吨/年湿法净化磷酸主装置工程（获评 2013 年度全国化工行业优质工程奖）

湖北瓮福蓝天化工有限公司 2 万吨/年无水氟化氢（AHF）项目（获评 2014 年度全国化学工业优质工程奖）

威顿达州 30 万吨/年硫磺制酸装置工程（获评 2016 年度化工行业优秀工程监理项目）

长沙地铁 3 号线工程（3 号线全长约 36.5 公里，我公司承担包含 15、16 两个施工标段的第 8 监理标段的工程监理）

中石化魏荆输油管线站场、管道改造项目－巍岗站加热炉工程

郴州福源大道工程

长沙市德思勤城市广场项目（该项目占地近 600 亩，总建筑面积 156 万 m³。其中 A-2 地块工程以及 B1/B2#、B4-B6# 和 B3/B7# 栋工程先后被省、市住建行局授予省优质工程、优良结构工程、安全质量标准化示范工地等荣誉称号）

中国电子科技集团第 48 所微电子装备中心大楼工程（获评 2014 年度湖南省安全质量标准化示范工程、2015 年度湖南省优质工程和 2015-2016 年度湖南省建设工程芙蓉奖）

长沙华星建设监理有限公司成立于 1995 年，是住建部批准的最早一批国有甲级监理企业，前身为 1990 年成立的化工部长沙设计研究院建设监理站，隶属中国化工集团。系中国建设监理协会理事单位、湖南省建设监理协会会长单位和中国建设监理协会化工分会副会长单位。

公司拥有房屋建筑工程、矿山工程、化工石油工程和市政公用工程等 4 项甲级监理资质和机电安装工程乙级监理资质，并获得造价咨询、政府代建和无损检测资质。可承担房屋建筑、化工、石油、矿山、市政、机电安装等建设工程的监理、项目管理、造价咨询以及无损检测、政府项目代建等业务。

1998 年以来，公司连续被国家住建部、中国建设监理协会、湖南省住建厅、湖南省建设监理协会授予"全国先进工程监理企业""中国建设监理创新发展 20 年工程监理先进企业""湖南省先进监理企业""湖南省建筑业改革与发展先进单位""湖南监理 20 年风采企业"等荣誉称号。2009 年以来相继连续被评为湖南省 AAA 级诚信监理企业。

公司成立以来，始终坚持科学化、规范化、标准化管理，逐步建立了科学系统的管理体系，于 1999 年取得 GB/T 19001 质量管理体系认证证书，2009 年取得符合 GB/T 19001、GB/T 24001、GB/T 28001 等 QHSE 管理体系标准要求的质量、环境和职业健康安全管理体系认证证书。

公司设置了化工、土建、矿山、公用工程等专业室，还设置了造价咨询中心和无损检测中心及信息资料室；工程技术专业配套齐全，拥有一支既懂技术又懂管理的包括工程技术、造价咨询、法律事务、企业管理等专业的高级技术人才队伍。各类检测仪器设施及管理软件配套完善。

公司秉持"一个工程，一座丰碑"的企业发展宗旨，坚持以专业室与项目监理部相结合的矩阵式管理统筹工程监理项目的具体实施，同时运用远程视频系统和监理通企业综合业务管理系统 OA 信息平台全面实施标准化项目管理。公司坚持诚信监理、优质服务，业务快速发展，客户遍及全国。先后与中石油、中石化、中水电、中化化肥、青海盐湖、开阳磷矿、贵州瓮福、湖北兴发、云南磷化、加拿大 MAG 公司等企业集团建立了长期战略合作关系，并已进入老挝、越南、刚果等国家开展项目管理和工程监理业务。公司依托省内、面向全国、辐射国外的服务宗旨，先后在国内 20 多个省市和多个国家开展工程监理和项目管理服务，树立了一流企业品牌。一批项目获得国家建设工程鲁班奖、国家优质工程银质奖、全国化学工业优质工程奖、湖南省建设工程芙蓉奖、优秀工程监理项目奖等国家和省部级奖项，受到顾客、行业和社会的广泛关注和认可，取得了良好的经济效益和社会效益。

地　址：湖南省长沙市雨花区洞井铺化工部长沙设计院内
邮　编：410116
电　话：0731-85637457　0731-89956658
传　真：0731-85637457
网　址：http://www.hncshxjl.com
E-mail：hncshxjl@163.com

厦门海投建设监理咨询有限公司

厦门海投建设监理咨询有限公司系厦门海投集团全资国有企业，成立于1998年，系房屋建筑工程监理甲级、市政公用工程监理甲级、机电安装工程监理乙级、港口与航道工程监理乙级、水利水电工程监理丙级、人防工程监理乙级国有企业。企业实施 ISO9001：2008、ISO14001 和 OHSAS18001 即质量/环境管理/职业健康安全三大管理体系认证，是中国建设监理协会团体会员单位，福建省工程监理与项目管理协会自律委员会成员单位，福建省质量管理协会、厦门市土木建筑学会、厦门市建设工程质量安全管理协会团体会员单位，厦门市建设监理协会副秘书长单位，厦门市建设执业资格教育协会理事单位，福建省工商行政管理局和厦门市工商行政管理局"守合同，重信用"单位、中国建设行业资信 AAA 级单位、福建省和厦门市先进监理企业、福建省监理企业 AAA 诚信等级、厦门市诚信示范企业、福建省省级政府投资项目和厦门市市级政府投资项目代建单位。先后荣获中国建设报"重安全、重质量"荣誉示范单位、福建省质量管理协会"讲诚信、重质量"单位和"质量管理优秀单位"及"重质量、讲效益"推行先进质量管理优秀企业"福建省质量网品牌推荐单位、厦门市委市政府"支援南平市灾害重建对口帮扶先进集体"、厦门市创建优良工程"优胜单位"、创建安全文明工地"优胜单位"和建设工程质量安全生产文明施工"先进单位"、中小学校舍安全工程监理先进单位"文明监理单位"、南平"灾后重建安全生产先进单位"、厦门市总工会"五星级职工之家""五一劳动奖状"单位等荣誉称号。

公司依托海投系统雄厚的企业实力和人才优势，坚持高起点、高标准、高要求的发展方向，积极引进各类中高级工程技术人才和管理人才，拥有一批荣获省、市表彰的优秀总监、专监骨干人才。形成了专业门类齐全的既有专业理论知识，又有丰富实践经验的优秀监理工程师队伍。

公司坚持"公平、独立、诚信、科学"的执业准则，以立足海沧、建设厦门、服务业主、贡献社会为企业的经营宗旨。本着"优质服务，廉洁规范""严格监督、科学管理、讲求实效、质量第一"的原则竭诚为广大业主服务，公司运用先进的电脑软硬件设施和完备的专业监理仪器设备，依靠自身的人才优势、技术优势和地缘优势，监理业务已含括商住房建、市政道路、工业厂房、钢架结构、设备安装、园林绿化、装饰装修、人民防空、港口航道、水利水电等工程。公司业绩荣获全国优秀示范小区称号、詹天佑优秀住宅小区金奖和广厦奖。一大批项目荣获省市闽江杯、鼓浪杯、白鹭杯等优质工程奖，一大批项目被授予省市级文明工地、示范工地称号。

公司推行监理承诺制，严格要求监理人员廉洁自律，认真履行监理合同，并在深化监理、节约投资、缩短工期等方面为业主提供优良的服务，受到了业主和社会各界的普遍好评。

法定代表人：蔡元发
总　经　理：白皓
地　　　址：厦门市海沧区钟林路8号海投大厦15楼
邮　　　编：361026
电　　　话：0592-6881023（办公） 6881025（业务）
网　　　址：www.xmhtjl.cn

荣誉墙一瞥

海投建设监理代表业绩之海投大厦

员工交流

辉煌的监理业绩

海投建设监理最棒——海西建设奋勇向前！

背景：滨湖花园

红岩村大桥　　华岩石板隧道

歇马隧道　　重庆机场T3货运楼

东方国际广场　　重庆国际金融中心工程　　中银大厦（重庆）

北京现代汽车重庆工厂　　龙湖新壹城

重庆金融中心　　江北嘴金融城2号

重庆华兴工程咨询有限公司

一、历史沿革

重庆华兴工程咨询有限公司（原重庆华兴工程监理公司）隶属于重庆市江北嘴中央商务区投资集团有限公司，注册资本金壹仟万元，系国有独资企业。前身系始建于1985年12月的重庆江北民用机场工程质量监督站，在顺利完成重庆江北机场建设全过程工程质量监督工作，实现国家验收、机场顺利通航的历史使命后，经市建委批准，于1991年3月组建为重庆华兴工程监理公司。2012年1月改制更名为重庆华兴工程咨询有限公司，是具有独立法人资格的建设工程监理及工程技术咨询服务性质的经济实体。

二、企业资质

公司于1995年6月经建设部以[建]监资字第（9442）号证书批准为重庆地区首家国家甲级资质监理单位。

资质范围：工程监理综合资质
　　　　　设备监理甲级资质
　　　　　工程招标代理机构乙级资质
　　　　　城市园林绿化监理乙级资质
　　　　　中央投资项目招标代理机构预备级资质

三、经营范围

工程监理、设备监理、招标代理、项目管理、技术咨询。

四、体系认证

公司于2001年12月24日首次通过中国船级社质量认证公司认证，取得了ISO9000质量体系认证证书。

2007年12月经中质协质量保证中心审核认证，公司通过了三体系整合型认证。

1. 质量管理体系认证证书 注册号：00613Q21545R3M
质量管理体系符合 GB/T19001-2008/ISO9001：2008
2. 环境管理体系认证证书 注册号：00613E20656R2M
环境管理体系符合 GB/T24001-2004 idtISO 14001：2004
3. 职业健康安全管理体系证书 注册号：00613S20783R2M
职业健康安全管理体系符合 GB/T 28001-2011

三体系整合型认证体系适用于建设工程监理、设备监理、招标代理、建筑技术咨询相关的管理活动。

五、管理制度

依据国家关于工程咨询有关法律法规，结合公司工作实际，公司制订、编制了工程咨询内部标准及管理办法。同时还设立了专家委员会，建立了《建设工程监理工作规程》《安全监理手册及作业指导书》《工程咨询奖惩制度》《工程咨询人员管理办法》《员工廉洁从业管理规定》等文件，确保工程咨询全过程产业链各项工作的顺利开展。

地　址：重庆市渝中区临江支路2号合景大厦A栋19楼
电　话：023-63729596　63729951
传　真：023-63729596　63729951
网　站：www.hasin.cc
邮　箱：hxjlgs @ sina.com

武汉华胜工程建设科技有限公司

武汉华胜工程建设科技有限公司始创于2000年8月28日，位于华中科技大学科技园内，美丽的汤逊湖畔，是华中科技大学的全资校办，具有独立法人资格的国有综合型建设工程咨询企业。

公司运作规范，法人治理结构健全，在董事会的领导下，公司经营运作良好，社会信誉度高，是中国建设监理协会理事单位、湖北省建设监理协会副会长单位、武汉建设监理协会会长单位。

公司人才济济，技术力量雄厚，专业门类配套，检测设备齐全，工程监理经验丰富，管理制度规范。公司现有员工400余人，其中：高级专业技术职称人员74人，国家注册监理工程师70人，注册造价师14人，注册一级建造师20人，注册咨询工程师5人，注册安全工程师7人，注册结构师1人，注册设备监理师2人，人防监理师18人，香港测量师1人，英国皇家特许建造师2人，全过程项目管理师（OPMP）2人。

经过17年的跨越式发展，公司确立了"一体两翼"的战略发展模式，即以工程监理为主体，以"项目管理+工程代建、工程招标代理+工程咨询"为两翼助力发展，且已取得瞩目成就。目前，公司具备国家住建部颁发的工程监理综合级资质、招标代理甲级资质和国家发改委颁发的工程咨询乙级资质，同时具备项目管理、项目代建、政府采购、人防监理等资格。公司下设襄阳、黄石、江西、海南、浙江5家分公司，是目前湖北省住建厅管理的建设工程咨询领域企业中资质最全、门类最广的多元化、规范化和科技化的大型国有企业。

17年的辛勤耕耘，华胜人硕果累累，在行业内享有崇高声誉：公司连续5次被评为"全国先进工程监理企业"，5项工程获得"国家优质工程奖"，11项工程获得"鲁班奖"。与此同时，公司连续9次被评为"湖北省先进监理企业"，连续10次荣获"武汉市先进监理企业"称号；被武汉市城乡建设委员会授予"安全质量标准化工作先进单位""市政工程安全施工管理单位""武汉十佳监理企业"和"AAA信誉企业"的荣誉称号。

2016年，公司开展了BIM技术的尝试和探索，组织召开了BIM技术应用观摩交流会，正式成立了BIM研究中心。在决胜千里的事业征途上，华胜人志向远大，海纳百川，他们将以优秀的企业文化为引领，进一步加强企业党建工作，从而推进企业经营管理工作上台阶，不断开疆拓土，创造佳绩。

未来，华胜人将继续弘扬"团结奉献，实干创新"的华胜精神，与社会各界携手合作，共谋共享，实现合作各方共荣共赢，为华胜企业大发展、合作各方大兴旺贡献出华胜人的智慧和担当。

地　址：武汉市东湖新技术开发区汤逊湖北路33号创智大厦B区9楼
电　话：027-87459073
传　真：027-87459046
邮　编：430200
网　站：http://www.huaskj.com/

中国最大的移动互联产业基地——联想（武汉）研发基地

全国第一个免费开放的博物馆——湖北省博物馆（鲁班奖）

华中地区的国际文化中心，中国最优秀的大剧院之一——江西艺术中心

湖北省最大的项目管理工程——中国建设银行武汉灾备中心

首个采用逆作法施工的工程——武汉协和医院门诊医技楼（鲁班奖）

中国科学院对地观测与数字地球科学中心三亚站

湖北省黄石市建市60年最大的立交桥——黄石谈山隧道立交桥

湖北省第一家六星级酒店——武汉积玉桥万达广场威斯汀酒店（国家优质工程奖）

中国第一批五个国家实验室之一，"武汉·中国光谷"的创新源泉——国家光电实验室

武汉市轨道交通七号线一期工程第十二标段

济宁市城市规划展示馆（荣获2014-2015年国家优质工程奖）

兖州市体育中心（荣获2014-2015年国家优质工程奖）.

济宁高新区就业促进及科技推广中心二期A座室内装修（荣获2013-2014年度全国建筑工程装饰奖）

山东日照高新技术产业开发区服务外包基地1#研发楼幕墙工程（荣获2013-2014年度全国建筑工程装饰奖）

济宁市文体中心体育场钢结构工程（荣获中国钢结构金奖）

济宁圣耸国际会议会议中心工程（荣获全国建筑工程装饰奖）

英吉沙县第一中学新校区（荣获山东省建筑施工安全文明示范工地）

北川羌族特色商业步行街（荣获四川省灾后援建项目天府杯金奖）

济宁市洸河路升级改造工程（荣获山东省市政金杯示范工程）

济宁市文化中心二期建设项目工程

山东东方济宁市太白湖区中心小学、中学校园建设项目

山东东方监理咨询有限公司

山东东方监理咨询有限公司成立于1993年，中国建设监理协会会员单位，山东省企业信用协会理事单位，具有房屋建筑甲级、市政公用甲级、机电安装甲级、电力工程乙级、公路工程乙级、工程咨询乙级、人民防空丙级七项监理资质，通过了质量管理体系认证、职业健康安全管理体系认证、环境管理体系认证。

近年来，公司荣获中国先进工程监理企业、国家级守合同重信用企业、全国质量安全管理先进单位、国家AAA级资质信用等级企业、全国建设工程优秀监理单位，先后荣获山东省第七届、第八届、第九届消费者满意单位、省级青年文明号、山东建设监理创新发展二十周年先进企业、山东省建设工程质量管理先进单位、山东省先进建设监理企业、援川援疆先进单位、济宁市优秀监理企业、市政府"绿亮清"工程建设先进集体、济宁市安全生产先进单位、济宁市文明单位等称号。

公司现有专业技术人员400余人，其中注册监理工程师58人，一级结构师、二级建筑师各1人，注册造价师3人，注册咨询工程师5人，注册安全师8人，注册一级建造师15人，高级职称8人，中级职称150人，专业配套齐全，结构合理，并拥有一批现代化检测设备，检测手段完善，方法科学先进。

多年来，公司在签订监理合同、回收监理酬金、上缴利税、所获荣誉等方面均名列全市监理行业第一。公司自成立以来，监理的工程项目，工程合格率100%，优良率达到90%以上，合同履约率100%，创出一批部优、省优项目。其中，2项工程荣获2013年度全国建筑工程装饰，2项工程荣获2013年度山东省建筑工程质量泰山杯，2项工程荣获2013年度山东省5建筑工程质量市政金杯，1项工程荣获2013年度山东省建筑装饰装修工程质量泰山杯，4项工程荣获2014年度山东省市政金杯示范工程，2项工程荣获2014年度山东省建筑装饰装修工程质量泰山杯；2项工程荣获2014年度山东省优质安装工程质量鲁安杯；8项工程荣获2014年度山东省建设工程优质结构杯；4项工程荣获2015年度山东省建筑工程质量泰山杯；5项工程荣获2015年度山东省建设工程优质结构杯；3项工程荣获2015年度山东省市政金杯示范工程；8项工程荣获2015年度山东省安全文明标准化优良工地；2项工程荣获2013-2014年度全国建筑工程装饰奖；2项工程荣获2014-2015年度国家优质工程奖，受到了业主及社会各界的高度评价。

今后，我们将继续本着创新的管理理念，卓越的人才队伍，勤勉的敬业精神，一流的工作业绩，树行业旗帜，创品牌形象，不断提高工程质量和投资效益，创造价值、回报社会。

浙江华东工程咨询有限公司
ZHEJIANG HUADONG ENGINEERING CONSULTING CO.,LTD

浙江华东工程咨询有限公司隶属于中国电建集团华东勘测设计研究院，公司成立于1984年11月，具有工程监理综合资质、水利工程施工监理甲级、工程咨询甲级、招标代理甲级、地质灾害治理工程监理甲级、人防工程监理乙级、政府投资项目代建等资质，是以工程建设监理为主，同时承担工程咨询、工程总承包、项目管理、工程代建、招标代理等业务为一体的经济实体，注册资本金3000万元。

公司始终坚持以"服务工程，促进人与自然和谐发展"为使命，秉持做强做优，做精品工程的理念，在工程建设领域发挥积极作用。公司的业务范围主要以工程咨询、监理、项目管理等高技术、高素质服务为支柱，以水电水利工程、新能源工程、市政交通工程、房屋建筑工程、基础设施工程、环境保护工程为框架，形成多行业、多元化发展战略体系。业务区域跨越了浙江、江苏、福建、安徽、广东、广西、海南、西藏、四川、云南、重庆、湖北、湖南、山西、河北、天津、内蒙古等省市以及越南、柬埔寨、印度尼西亚、津巴布韦、安哥拉等海外国家。

公司现有员工1000余人，其中教授级高级工程师28名、高级工程师203名、工程师395名、助理工程师213名；拥有国家注册建筑师3人、结构工程师6人、土木工程师10人、一级建造师38人、咨询（投资）工程师28人、造价工程师38人、安全工程师53人、招标师11人；国家注册监理工程师120人，水利部等行业注册监理工程师314人，总监理工程师98人，国家优秀总监理工程师2名、国家优秀监理工程师8名，省部级优秀总监理工程师45名、省部级优秀监理工程师192名。

公司长年以来坚持管理体制规范化、标准化、科学化建设，1997年通过质量体系认证，2008年通过质量/环境/职业健康安全"三合一"管理体系认证。公司遵循"守法、诚信、公正、科学"的职业准则，坚持以法治企，打造阳光央企，全面推行卓越绩效模式，实施公司治理和项目管理。

公司贯彻"以人为本，守法诚信，优质高效，安全环保，持续满足顾客、社会和员工的期望"的管理方针，发扬"负责、高效、最好"的企业精神，始终坚持"技术先导、管理严格、服务至上、协调为重"十六字方针来开展工作。在参与工程建设过程中，公司赢得了一系列的荣誉，先后被中国建设监理协会授予"中国建设监理创新发展20年工程监理先进企业"，连续多年被评为"全国先进工程监理企业"、全国工程市场最具有竞争力的"百强监理单位"、全国优秀水利企业、中国监理行业十大品牌企业、中国建筑业工程监理综合实力50强、全国工程监理50强，浙江省首批用户满意诚信工程咨询单位，浙江省工商行政管理局"AAA守合同重信用企业"、中国水利工程协会"AAA级信用企业"，2008年被评为"杭州市文明单位"、2011年被评为"浙江省文明单位"。所承担的工程项目先后获得国家级、省部级以上奖项近百项，其中：长江三峡水利枢纽工程荣获"菲迪克百年重大土木工程项目杰出奖""全国质量卓越奖"；福建棉花滩水电站和江苏宜兴抽水蓄能电站荣获中国建筑工程"鲁班奖"；湖北清江水布垭水电站荣获中国土木工程"詹天佑奖"、国际坝工委员会授予"国际面板堆石坝里程碑工程奖"；广西龙滩水电站工程荣获"菲迪克百年重大土木工程项目优秀奖"、国际坝工委员会授予"国际碾压混凝土坝突出贡献奖"；云南澜沧江小湾水电站荣获国际坝工委员会授予的"高混凝土坝国际里程碑工程奖"，公司承担的众多基础设施项目荣获国家、行业、省市优质工程奖。

江苏滨海海上风电

广西龙滩水电站

澜沧江小湾水电站

清江水布垭水电站

雅砻江桐子林水电站

雅鲁藏布江藏木水电站

杭州五老峰隧道

云南省昭通市绥江县移民迁建工程

义乌宾王大桥

上海海赋尚品房屋建筑

长江三峡水利枢纽

合肥工大建设监理有限责任公司
Hefei University of Technology Construction Supervision Co.,Ltd

合肥工大建设监理有限责任公司，成立于1995年，隶属于合肥工业大学，持有住建部工程监理综合资质；持有交通部公路工程甲级监理资质、特殊独立大桥专项监理资质；持有水利部水利工程乙级监理资质。持有人防乙级监理资质等。

公司承揽业务包括工程监理服务和项目管理咨询服务两大板块，涉及各类房屋建筑工程、市政公用工程、公路工程、桥梁工程、隧道工程、水利水电工程等行业。曾创造了多个鲁班奖、詹天佑奖、国优、部优、省优等监理奖项，连续多年成为安徽省十强监理企业和安徽省先进监理企业，连续多年进入全国百强监理企业行列，是全国先进监理企业。

公司在坚持走科学发展之路的同时，注重产、学、研相结合战略，建立了学校多学科本科生实习基地；搭建了研究生研究平台；是合肥工业大学"卓越工程师"计划的协作企业，建立了共青团中央青年创业见习基地。多年来，公司主编或参编多项国家及地方标准规范。

公司始终坚持诚信经营，不断创新管理机制，深入贯彻科学发展观，坚持科学监理，努力创一流监理服务，为社会的和谐发展、为监理事业的发展壮大不断作出应有的贡献。

安徽华侨广场

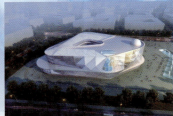
安徽省科技馆

凤台淮河公路二桥

合肥工业大学建筑技术研发中心
（合肥工大监理公司总部大楼）

合肥京东方 TFT-LCD 项目

合淮阜高速公路

淮南洞山隧道

马鞍山长江公路大桥

汤池温泉艺术宫

芜湖长江公路大桥

中国建设银行合肥生产基地

合肥燃气集团综合服务办公楼

地　址：合肥工业大学校内建筑技术研发中心大楼 12-13F
电　话：0551-62901619（经营）　62901625（办公）
网　址：www.hfutcsc.com.cn

河南建基工程管理有限公司
Henan CCPM project management Co., LTD.

河南建基工程管理有限公司是专业从事工程监理、项目管理、招投标代理、造价咨询和工程咨询服务的企业，资质等级为：工程监理综合资质（可以承接住建部全部14个大类的工程项目），工程招标代理乙级、政府采购代理机构乙级、水利部水利施工监理乙级、人防工程监理乙级。

公司从1998年12月专注建设监理领域，拥有24年的建设监理经验，30年的工程管理团队，发展几十年来，共完成7500多个工程建设工程咨询服务，工程总投资数千亿元人民币。公司和个人监理完成的项目，荣获中国土木工程詹天佑大奖、中国建筑工程鲁班奖、中国建筑工程钢结构金奖、全国建筑工程装饰奖、国家优质工程银奖、全国市政金杯奖、曾多次获得"河南省中州杯"优质工程奖、市级优良工程奖。公司多次被评为"河南省工程监理企业二十强"、"河南省先进监理企业"等荣誉称号。

公司是河南省建设监理协会监理公司常务理事单位，《建设监理》副理事长单位，河南省产业发展研究会常务理事单位。

公司专业配套齐全，技术力量雄厚，项目管理经验丰富，现有国家各类注册工程师180人；省部级专业监理工程师718人；高级技术职称68人，中级技术职称560人，初级技术职称680人，专业齐全、结构合理，是一支技术种类齐全、训练有素、值得信赖的工程建设咨询服务队伍。公司配备有成套的数码检测仪器，为独立、公正、科学地开展建设监理工作创造了良好的条件。

建基管理一贯秉承"严谨、和谐、敬业、自强"的企业发展精神，贯彻"热情服务，规范管理，铺垫建设工程管理之基石；强化过程，再造精品，攀登建设咨询服务之巅峰；以人为本，预防为主，确保职业健康安全之屏障；诚信守法，持续改进，营造和谐关爱绿色之环境"的企业方针，追求"守法诚信合同履约率100%，项目实体质量合格率100%，客户服务质量满意率98%"的企业质量目标，遵循"守法、诚信、公正、科学"的职业准则，打造以监理和项目管理为一体的并以在行业中具有厚重影响力的，以作"服务公信、品牌权威、企业驰名、创新驱动、引领行业服务示范"的综合咨询专业性公司，为企业的战略发展方向与愿景。坚持品牌发展战略，为实现公司的战略发展规划和目标，积极倡导"信誉第一、品牌至上，以人为本、谋求共赢"的核心价值理念。

公司经营始终秉承"诚信公正，技术可靠"，以满足业主需求；以"关注需求，真诚服务"，作为技术支撑的服务理念；坚持"认真负责，严格管理，规范守约，质量第一"，赢得市场认可；强调"不断创新，勇于开拓"精神；提倡"积极进取，精诚合作"工作态度。

全体员工以无私的敬业精神，竭诚为业主提供高效、科学、优质的服务，让业主、社会满意。

公司愿与国内外建设单位建立战略合作伙伴关系，用我们雄厚的技术力量和丰富的管理经验，竭诚为业主提供优秀的项目咨询管理、建设工程监理服务！共同携手开创和谐美好的明天！

公司注册地址：河南省郑州市金水区任寨北街6号云鹤大厦第七层
公司办公地址：河南省郑州市管城区城东路100号向阳广场15A层
电　话：400-008-2685　　传真：0371-55238193
百度直达号：@河南建基
网　址：www.hnccpm.com　　Email：ccpm@hnccpm.com

建基公司服务号

建基公司订阅号

河南海通汽车零部件物流园

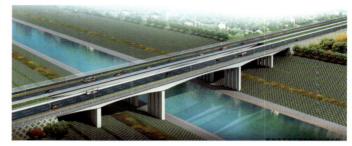
焦作市东海大道南水北调总干渠大桥工程

商丘市第一人民医院儿科医技培训中心综合楼

偃师市首阳新区中州路

镇平体育馆

华阳湖湿地公园

商丘市汉梁文化公园工程

郑州市陇海路快速通道工程

江苏誉达工程项目管理有限公司

  江苏誉达工程项目管理有限公司（原泰州市建信建设监理有限公司）坐落于美丽富饶的江南滨江城市泰州，成立于1996年，是泰州市首家成立并首先取得住建部审定的甲级资质的监理企业，现具有房屋建筑甲级、市政公用甲级、人防工程甲级监理及造价咨询乙级、招标代理乙级资质。

  公司拥有工程管理及技术人员共393人，其中高级职称（含研高）38人，中级职称128人，涵盖工民建、岩土工程、钢结构、给排水、建筑电气、供热通风、智能建筑、测绘、市政道路、园林、装潢等专业。拥有国家注册监理工程师44人，注册造价师10人，一级建造师8人，注册结构工程师2人、人防监理工程师78人、安全工程师4人、设备监理工程师2人、江苏省注册监理工程师53人。十多人次获江苏省优秀总监或优秀监理工程师称号。

  公司自成立以来，监理了200多个大、中型工程项目，主要业务类别涉及住宅（公寓）、学校及体育建筑、工业建筑、医疗建筑及设备、市政公用及港口航道工程等多项领域，有二十多项工程获得省级优质工程奖。

  1999年以来，公司历届被江苏省住建厅或江苏省监理协会评为优秀或先进监理企业，2008年被江苏省监理协会授予"建设监理发展二十周年工程监理先进企业"荣誉称号。

  公司的管理宗旨为"科学监理，公正守法，质量至上，诚信服务"，落实工程质量终身责任制和工程监理安全责任制，自2007年以来连续保持质量管理、环境管理及健康安全体系认证资格。

  公司注重社会公德教育，加强企业文化建设，创建学习型企业，打造"誉达管理"品牌，努力为社会、为建设单位提供优质的监理（工程项目管理）服务。

常州大学怀德学院

靖江市体育中心

靖江港城大厦

背景：泰州新区医院　　　　海南龙沐湾海景公寓